2016版

环境管理体系
实用教程

新世纪检验认证有限责任公司　编著

中国质检出版社
中国标准出版社

北 京

图书在版编目(CIP)数据

2016版环境管理体系实用教程 / 新世纪检验认证有限责任公司编著.
—北京:中国标准出版社,2017.9 (2023.3 重印)
ISBN 978-7-5066-8728-7

Ⅰ.①2… Ⅱ.①新… Ⅲ.①环境管理—国家标准—中国—教材
Ⅳ.①X32-65

中国版本图书馆 CIP 数据核字(2017)第 226938 号

中国质检出版社
中国标准出版社 出版发行

北京市朝阳区和平里西街甲 2 号(100029)
北京市西城区三里河北街 16 号(100045)

网址:www.spc.net.cn
总编室:(010) 68533533 发行中心:(010) 51780238
读者服务部:(010) 68523946
中国标准出版社秦皇岛印刷厂
各地新华书店经销

*

开本 880×1230 1/16 印张 9 字数 228 千字
2017 年 9 月第一版 2023 年 3 月第二次印刷

*

定价 35.00 元

《2016版环境管理体系实用教程》

编写委员会

BGC

主　编：冀慧琴　　刘全胜　　张丛悦

编委会（按姓氏笔画排序）：

王　梅　　刘全胜　　刘建峰　　张丛悦

邱筱燕　　冀慧琴　　戴冬秀

序 言

中华人民共和国国家质量监督检验检疫总局、中国国家标准化管理委员会于 2016 年 10 月 13 日正式发布了 GB/T 24001—2016《环境管理体系　要求及使用指南》，该标准等同采用 ISO 14001：2015 标准并在各行业组织中加以大力推广实施，各组织通过建立、实施、保持和持续改进环境管理体系，对环境因素进行了有效控制，改善了环境绩效，减少了环境影响，取得了显著的环境、经济和社会效益。目前，我国通过环境管理体系认证的组织达 10 万余家，获证组织数量位居全球排名第一位。实践表明，开展环境管理体系的建立、实施和认证工作，对于组织提升企业形象、强化和提高环境管理水平、履行合规义务、增强国际竞争实力、实现污染预防、成本降低和持续改进等都具有十分重要的意义。

GB/T 24001—2016《环境管理体系　要求及使用指南》与 GB/T 24001—2004 标准相比，除编辑性修改，主要技术变化有：采用了 ISO/IEC 导则第 1 部分附件 SL 中的高阶结构、提出了战略性环境管理、修改了术语和定义、采用了基于风险的思维、强化了领导的作用、承诺从污染预防扩展到保护环境、强调将环境管理体系融入组织的业务过程、更加强调提升环境绩效、明确要求运用生命周期观点、更加强调履行合规义务、细化了内外部信息交流的要求、对文件化信息的要求更加灵活等，以期将新的环境管理方法和工具引入组织的环境管理体系，满足日以高涨和严苛的相关方的需求和期望。

本书全面阐述了 2016 版环境管理系列标准产生的背景、实施环境管理体系标准的作用和意义、2016 版 GB/T 24001 标准与 2004 版之间的主要技术变化，重点对 GB/T 24001—2016《环境管理体系　要求及使用指南》标准条款的理解要点逐条进行了阐述，并对环境管理体系内部审核程序、方法和要求进行了介绍。本教材可作为组织对 GB/T 24001—2016《环境管理体系　要求及使用指南》标准理解与实施的培训教材，也可作为组织环境管理体系内部审核员教材，同时也可作为组织按照 GB/T 24001—2016《环境管理体系　要求及使用指南》标准建立、实施、保持和改进环境管理体系的参考读本。本书在编写过程中多方征求意见，在使用时，对标准的理解与实施方面应以标准所属的要求为准。

为了促进组织对标准的准确理解和统一认识，提高组织内部审核员的能力，我受北京新世纪检验认证股份有限公司盛情邀请与培训教师以及教材编写团队进行了充分交流，为编写《2016 版环境管理体系实用教程》一书提出了一些自己的意见。

希望本书能够为各位读者提供必要的帮助。真诚欢迎使用本书的企业各级人员提出宝贵的意见和建议。

北京新世纪检验认证股份有限公司　技术顾问

2017 年 7 月

目　录

|第一章|
环境管理体系标准概述

第一节　环境管理系列标准的产生背景

生产力的发展给人类社会带来了日益丰富的物质生活，同时也带来了环境的逐步恶化。由于社会各界环境意识的提高和政府法律法规的不断出台并日趋严格，包括绿色消费之间形成的市场压力，迫使欧美国家的许多企业主动改善环境行为。一些知名企业开始申请中介组织对其环境行为进行评价，借以树立良好的企业形象。到了 20 世纪 80 年代末，这些国家的企业已经积累了不少自主环境管理的经验。

为适应客观环境发展的需求，同时客观上也具备了开展环境管理标准化的条件，国际标准化组织（ISO）于 1993 年成立了 ISO/TC 207 环境管理技术委员会，开始制定环境管理系列标准。

一、　国际社会的关注和行动

环境问题及影响程度的不断扩大，唤醒了人类对环境问题的关注和认识。环境问题的全球化使得世界各国政府逐步认识到，要解决环境问题必须通过国际社会的共同努力。这里介绍联合国两个著名的环境大会。

第一个联合国环境会议是 1972 年 6 月 5 日到 16 日，在瑞典首都斯德哥尔摩召开的，会议发表了《人类环境宣言》。宣言中指出："保护和改善人类环境已经成为人类一项紧迫的任务"，从观念上改变了以往把环境问题仅看成是孤立的、局部的问题。通过这次会议，树立了全球环境一体化，共同保护生物圈的整体观念。会议上通过的《人类环境宣言》和《世界环境行动计划》两个文件，被 113 个与会国一致通过，宣言唤起了全人类对环境及资源问题的普遍重视。

1992 年 6 月联合国在巴西里约热内卢召开了有 103 位国家元首及政府首脑和 180 多个国家的代表参加的环境发展大会，此次会议被称为"20 世纪地球盛会"，会上总结了以往环境保护发展的经验教训，明确提出了"可持续发展"的战略，制定了《气候变化框架公约》《生物多样性公约》，并产生了《21 世纪议程》。这是由全世界最高领导人共同做出的政治性承诺，议程要求各国政府、企业、非政府组织和人类生产活动的各部门应相互合作，共同解决威胁人类生存和发展的严峻的环境问题。会议确立的可持续发展战略也已经成为国际社会，乃至各个国家和地区制定一切行动的指南。可持续发展的思想已经渗透到政治、经济、工业、农业、商业、环境和科技等社会的各个领域。

自 1972 年第一个联合国环境会议之后，环境保护的地位不断上升。保护和改善全球环境，已引起世界各国的普遍重视，政府间的国际组织纷纷建立。目前，环境保护运动已进入国际社会，许多国际性组织都把保护环境作为己任。

二、　各国法律法规要求不断增加并日趋严格

当前，环境保护工作已经成为衡量各国政府政绩的一条重要标准，并成为树立良好的国际形象

和争取本国民众的一个重要口号。面对国内现状和国际形势的双重压力，为解决本国的环境问题和履行国际环保责任，各个国家和地区在原有的基础上进一步修订和出台了更加完善和日趋严格的法律法规。

三、 民众环境意识不断提高， 推崇绿色消费

工业化进程产生的一系列环境公害事件使得千千万万的公民深受其害，同时也唤醒了人们环境保护的意识。从世界范围来看，首先在发达国家各种环保组织如雨后春笋般出现。以德国为例，小到一个社区或一幢楼的居民自发组织的环保组织，大到一个地区乃至全国的环保组织，保护内容从几棵古树、一些小动物、一片森林、大气、海洋直至整个地球，形成了不同层次，相互交叉的网络。

四、 贸易市场对环境成本内在化的要求

随着世界经济一体化的加速，以及世人环保意识的不断增强，国际贸易与环境保护之间矛盾与协调的问题日益突出，贸易自由化被指责为造成全球生态环境恶化的重要原因之一。究其最根本的原因就是在国际贸易中没有考虑环境资源的成本。几乎所有关注国际贸易对环境影响的人都认为，必须把各种环境成本打入贸易货物的价格中，使之内在化，即内在化到出口商品或劳务的真实成本及其市场价格之中，以便促使资源的合理使用和环境的有效保护。

在一些国家，环境保护逐渐作为一种服务于各国贸易保护主义政策的武器，并且成为在国际贸易谈判中讨价还价的筹码。如在北美自由贸易区的形成过程中，美国要求在环保条件相同的前提下，允许每个贸易伙伴大致相同地进入对方市场，这使环保水平相对低的国家必须支出应付的环保成本。

五、 各种环境管理体系标准的出现

1992 年，世界上首个环境管理体系标准诞生于英国，是由英国标准院（British Standards Institution，BSI）制订的，按照其编号方式，被命名为 BS 7750。BS 7750 是自愿性的环境管理体系标准，企业组织可自愿实施并可寻求认证。BS 7750 的制定和实施在世界各国，尤其是欧盟各国引起了极大的反响，各国纷纷开始制订本国的环境管理体系标准，其中较为著名的是法国、爱尔兰的标准。

1993 年 7 月 10 日，欧共体以（EEC）NO. 1836 / 93 指令正式公布《工业企业自愿参加环境管理和环境审核联合体系的规则》，简称《环境管理审核规划》（英文缩写 EMAS），并规定于 1995 年 6 月开始实施。根据欧盟立法规则，各国均在限定时间内将其转为本国法律。EMAS 开始实施后，得到了欧洲各国的支持。

各个国家和不同地区的这些环境管理体系标准的出台，无疑对加强组织的环境管理，改进组织的环境行为起到积极的作用，但是由于这些标准大都是各国根据本国情况制定的，这势必给国际贸易带来很大的不便，因此制定一个普遍适用的国际标准势在必行。ISO 14000 系列标准正是在这样的形势和各种需要下产生和发展的。1993 年 6 月国际标准化组织成立了 ISO/TC 207 环境管理技术委员会，正式开展环境管理工具及体系方面的国际标准化工作。1996 年 10 月开始颁布了第一批标准（5 项），其中包括了 ISO 14001 标准。

第二节　ISO/TC 207 环境管理技术委员会与 ISO 14000 系列标准

ISO 14000 环境管理系列标准是国际标准化组织（ISO）第 207 技术委员会，即 ISO/TC 207 环境管理技术委员会组织制订的，其标准号从 14001 到 14100，共预留 100 个标准号，统称为 ISO 14000 系列标准。

一、　国际标准化组织与 ISO/TC 207

国际标准化组织成立于 1947 年 2 月，是目前世界上最大的非政府性国际标准化机构，也是当今世界上规模最大的国际科学技术组织之一。

该组织的主要活动就是制订有关国际标准，协调世界范围内的标准化工作。国际标准化组织下设若干个技术委员会，其中国际标准化组织 TC 176 技术委员会（ISO/TC 176）在 1987 年成功制订和颁布了 ISO 9000 质量管理体系系列标准，在世界范围内引起了巨大的反响。

1993 年 6 月国际标准化组织成立了 ISO/TC 207 环境管理技术委员会，开始制定环境管理标准。ISO/TC 207 的业务范围主要是环境管理方面的标准化，不包括有关技术指标方面的内容，如：

（1）污染物的测试方法（这方面的工作主要由 ISO/TC 146 "空气质量"、ISO/TC 147 "水质"、ISO/TC 90 "固体质量" 和 ISO/TC 43 "声学" 等技术委员会负责）；

（2）污染物和排放物的限制值；

（3）环境水平或环境质量；

（4）产品标准。

ISO/TC 207 的工作内容十分广泛，从问题的紧迫性和技术成熟程度出发，TC 207 的工作（到 2010 年）主要分为三个阶段进行，见表 1-1。

表 1-1　TC 207 拟定的 2010 年前工作规划

时期	工作任务（标准化项目）
近期	术语定义、环境行为评价、生命周期评价、环境标志、环境管理体系、产品标准中的环境因素
中期	环境风险评估、紧急计划和准备、现场补救、环境影响评价、环境行为报告、环境设计
远期	产品环境因素、废物管理、资源管理、保护管理等

二、　ISO/TC 207 的组织结构

TC 207 下设 6 个分技术委员会（SC）和 2 个直属工作组 WG1 与 WG2。附设机构有：主席顾问组（CGA）和 ISO/TC 176 合作与协调组。TC 207 各分技术委员会（SC）承担标准起草任务。

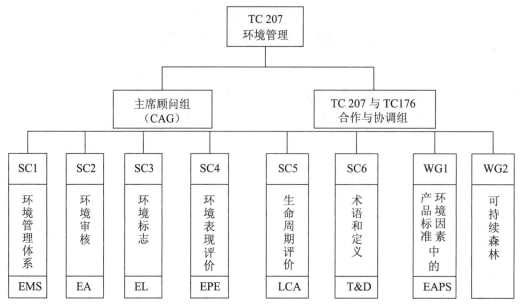

图 1 - 1   TC 207 当前组织结构

三、 ISO 14000 系列标准的构成

ISO 14000 系列标准是个庞大的系统。ISO 秘书处给 ISO 14000 系列预留了 100 个标准号，见表 1 - 2，这足以表明这个标准系列未来的发展规模。ISO 14000 则是这个系列标准的总称。

表 1 - 2   ISO 14000 系列标准的标准号分类表

分 会	名称（标准子系统）	标准号
SC 1	环境管理体系（EMS）	14001~14009
SC 2	环境审核（EA）	14010~14019
SC 3	环境标志（EL）	14020~14029
SC 4	环境表现评价（EPE）	14030~14039
SC 5	生命周期评价（LCA）	14040~14049
SC 6	术语和定义（T&D）	14050~14059
WG 1	产品标准中的环境因素（EAPS）	14060
WG 2	可持续森林	
备用		14060~14100

第三节   实施环境管理体系标准的作用和意义

执行 ISO 14001 标准，其意义绝不仅仅是拿到一张认证证书。推行 ISO 14001 标准的过程同推行 ISO 9000 族标准一样，在企业里进行的是一场管理思想的更新，是适应国际潮流，向社会展示企业对环境保护的责任心。在企业推行环境管理体系标准，既有重大的社会意义又有明显的现实意义：

（1）有效的环境管理体系帮助组织持续改进环境绩效，避免、减少或控制其活动、产品和服务中有害环境影响。

（2）降低环境风险和法律风险，实现对适用法律法规和其他要求的符合。

（3）在实现环境效益的同时实现经济效益。ISO 14001 标准把治理环境污染与合理利用资源能源并重，从而能有力地推动资源和能源的节约，有利于实现经济与环境协调统一。将环境管理体系纳入管理体系，可使组织具备协调与综合环境利益和经济利益的框架，节约输入材料和能源、降低成本、改进成本控制。同时，也使组织得以将环境目标和指标与具体的经济收益联系起来，确保将资源投向最能取得经济和环境效益的地方。

（4）实施环境管理体系的组织能获得显著的竞争优势。组织通过环境管理体系认证，可向外界证实其良好的环境绩效，有利于树立企业的良好形象并提高企业信誉和知名度，利于吸引投资和市场的开拓；

（5）提高员工、供方、合同方的环境意识；

（6）ISO 14001 标准提供了一整套系统化的管理方法，有助于组织提高环境管理的水平；

（7）有利于增进企业与周围居民、社区、政府和其他相关方的相互了解，改善相互关系。

第四节　2016 版 GB/T 24001 标准与 2004 版之间的主要技术变化

我国是国际标准化组织（ISO）的正式成员国，全国环境管理标准化技术委员会（SAC/TC 207）对口 ISO TC/176，负责组织将 ISO 14000 系列标准转为 GB 24000 系列国家标准。继成功将 ISO 14001：2004 转化为 GB/T 24001—2004 后，SAC/TC 207 再次使用翻译法将 ISO 14001：2015 等同转化为 GB/T 24001—2016。与 2004 版 GB/T 24001 相比，2016 版 GB/T 24001 主要发生了以下变化：

1. 结构上的变化

为改进与其他管理体系标准之间的一致性，2016 版 GB/T 24001 标准的条款结构和一些术语已做出了变更，采用了新的高级结构，贯彻了 PDCA 循环模式。然而，本标准并未要求必须将其条款结构或术语应用于组织环境管理体系文件，也未要求必须以本标准使用的术语替代组织使用的术语。组织可选择使用适合其业务的术语，例如："记录""文件"或"规程"，而不一定用"文件化信息"。标准所包含的要求需要从系统或整体的角度进行考虑，使用者不应当脱离其他条款孤立地阅读本标准的特定句子或条款，某些条款中的要求与其他条款中的要求之间存在着相互联系。例如：组织需要理解其环境方针中的承诺与其他条款规定的要求之间的联系。

2. 术语上的变化

2016 版 GB/T 24001 标准共有术语 33 个。与 2004 版相比，删除了 2004 版 20 个术语中的 7 个：审核员、文件、内部审核、预防措施、环境指标、记录、程序；保留的 13 个术语中的 10 个对定义做了修改，而环境影响、不符合、污染预防 3 个术语未做修改。

2016 版 GB/T 24001 新增加术语 20 个。

3. 战略性环境管理

2016 版 GB/T 24001 明确要求，组织的环境管理体系应融入组织的战略性过程的策划中。标准中新增加的条款"理解组织及其所处的环境"，要求从组织和环境两者的利益出发，识别并利用机遇，其中特别需要关注的是与相关方的需求（包括法规要求）和期望有关的事项或变化的环境，以及地区的、区域的和全球的可以影响组织或被组织影响的环境状况。一旦被确定为优先项，减少负面风险和开拓有益机遇的措施则应被融入环境管理体系运行的策划中。

对组织及其环境的重要事项应有如下战略性的理解：

——外部因素；

——内部因素；

——影响组织或被组织影响的环境状况；

——所获得的知识指导 EMS 策划；

——选择并管理具有不利或有益影响的事项。

4. 基于风险的思维

2016 版 GB/T 24001 标准新增的条款 6.1 "应对风险和机遇的措施"，包括了总则、环境因素、合规义务、措施的策划，取消了原标准中 "预防措施" 的有关要求，以优先排序的方式，确定可能造成不利和有利影响的关键的事项和要求，确保 EMS 可以实现其预期结果、预防或减少非预期的结果和实现持续改进。

组织需要应对的风险和机遇，来自：

——重要环境因素；

——合规义务；

——其他优先事项。

5. 生命周期的观点

除了要考虑对组织采购的产品和服务中的环境因素提出要求外，组织还需要将其对环境因素的控制和影响延伸到产品的使用以及产品报废后的处理和处置，但这并不意味着需要进行一个全面的生命周期评价。

应用生命周期观点的其他 ISO 14000 标准有：

——ISO 14046：2014《环境管理　水足迹　原则、要求与指南》；

——ISO 14067：2013《产品碳足迹　量化和信息交流的要求和指南》。

6. 强化领导作用

2016 版标准强化了对领导层的要求。为确保环境管理体系的成功，新增了一个条款（5.1 领导作用和承诺），为那些处在领导岗位的人员增加了特定的职责，以提高其在组织中的环境管理作用。

最高管理者主要通过以下方面证实其对环境管理体系的领导作用与承诺：

——理解组织所处的环境，并确保所获得的知识在建立环境管理体系时被考虑；

——在战略规划时考虑环境绩效；

——确保将组织环境管理体系要求整合到业务流程中，指导和支持对环境管理体系业绩有贡献的人员；

——支持其他相关管理人员展示在其所负责区域的领导作用。

7. 提升环境绩效

2016 版标准强调环境管理体系必须改进组织的环境绩效，并在环境方针中新增了 "提升环境绩效的承诺" 的内容；新增了 "参数" 术语，在 "环境绩效" 术语中明确可依据组织的环境方针、环境目标或其他准则，运用参数测量结果。此外，2016 版标准在多个条款中增加或更为明确了与环境绩效有关的要求，如条款 4.4、5.2、5.3、9.1.1、9.3、10.3 等。

8. 追求保护环境

新版标准对组织的期望扩大到承诺积极主动地保护环境并与组织所处的环境相一致，对环境方针的承诺也由污染预防扩大为环境保护。

相关方对组织的期望在不断地拓展，要求组织作出承诺：与所处环境进行积极协调，主动保护环境，避免环境受到损害和发生退化。新版标准的正文中未对"保护环境"作出定义，但注明了"保护环境"的行动可包括：污染预防，资源的可持续使用，减缓和适应气候变化，保护生物多样性和生态系统等。

9. 细化了内外部信息交流的要求

新版标准明确了内外部信息交流所需的过程及其策划的要求，新增了内部信息交流和外部信息交流的内容要求。制定外部和内部并重的信息交流策略是新标准增加的内容，这包括了要求组织交流的信息是一致和可靠的，并要求组织建立一种机制鼓励在组织控制下的工作人员提出针对环境管理体系的改进建议。组织有权决定开展与外部进行的信息交流，但组织在作出此类决定时应考虑合规义务（如监管机构对组织上报信息）的要求，同时还要考虑相关方的期望。

10. 对文件化信息要求更加灵活

新版标准考虑到了计算机和云技术在管理体系建立实施过程中的应用，在标准正文中用"文件化的信息"代替了以往的"文件"和"记录"。为了与新版 ISO 9001 标准的要求保持一致，新版 ISO 14001 标准同样提出由组织来明确需求，根据需求分析的结果来建立必要的"程序"以确保实现有效的过程控制。

2016 版 GB/T 24001 标准有 9 个条款要求"保持文件化信息，包括：

——4.3　确定环境管理体系的范围；

——5.2　环境方针；

——6.1.1　总则；

——6.1.2　环境因素；

——6.1.3　合规义务；

——6.2.1　环境目标；

——7.5　文件化信息；

——8.1　运行策划和控制；

——8.2　应急准备和响应。

11. 变更的管理

对变更的管理是组织保持环境管理体系，以确保能够持续实现其环境管理体系预期
结果的一个重要组成部分。本标准诸多要求中均提出对变更的管理，包括：

——环境因素（见 6.1.2）；

——内部信息交流（见 7.4.2）；

——文件化信息的控制（见 7.5.3）；

——运行控制（见 8.1）；

——内部审核方案（见 9.2.2）；

——管理评审（见 9.3）；

——不符合和纠正措施（见 10.2）。

第二章
GB/T 24001—2016
《环境管理体系　要求及使用指南》标准理解要点

第一节　引言

本节介绍 GB/T 24001—2016《环境管理体系　要求及使用指南》标准引言部分。标准引言表述了标准背景、环境管理体系的目的、成功因素、策划-实施-检查-改进模式和标准内容五部分，是正确理解和应用标准的基础。

引言部分所给出的内容，用标准化的语言来说，是资料性的内容，这意味着它不是 GB/T 24001—2016 标准的正式内容。它的存在是为了提供有关标准背景、环境管理体系的目的、成功因素、采用模式和标准的内容等信息。

引言部分与上一版（2004 版）相比变化如下：新版标准分为了 5 个部分进行了描述，上一版引言是综述的方式，没有分部分分别描述，而是叙述了该标准产生的背景、标准的目的、作用、运作模式与应用原则等。

> ### 0.1　背景
>
> 为了既满足当代人的需求，又不损害后代人满足其需求的能力，必须实现环境、社会和经济三者之间的平衡。通过平衡这"三大支柱"的可持续性，以实现可持续发展目标。
>
> 随着法律法规的日趋严格，以及因污染、资源的低效使用、废物管理不当、气候变化、生态系统退化、生物多样性减少等给环境造成的压力不断增大，社会对可持续发展、透明度和责任的期望值已发生了变化。
>
> 因此，各组织通过实施环境管理体系，采用系统的方法进行环境管理，以期为"环境支柱"的可持续性做出贡献。

理解要点

1. 本条款对 GB/T 24001—2016 制订的背景做出了说明。

2. 可持续发展是一种注重长远发展的经济增长模式，最初于 1972 年提出，指既满足当代人的需求，又不损害后代人满足其需求的能力，是科学发展观的基本要求之一。可持续发展包括环境（生态）、社会和经济可持续发展三方面的内容，通过"3P"原则，即 People（人）、Planet（地球）和 Profit（利润），推动可持续发展，通过平衡环境、社会和经济"三大支柱"的可持续性实现可持续发展开展目标。

3. 社会对可持续发展、透明度和责任的期望值随着法律法规的日趋严格，以及因污染、资源的低效使用、废物管理不当、气候变化、生态系统退化、生物多样性减少等给环境造成的压力不断增大已发生了变化。通过实施环境管理体系，采用系统的方法进行环境管理的目的是为了环境（生态）可持续性发展。

4. 上一版表述为：

"现在，各种类型的组织都越来越重视通过依照环境方针和目标来控制其活动、产品和服务对环境的影响，以实现并证实良好的环境绩效。这是由于有关的立法更趋严格，促进环境保护的经济政策和其他措施都在相继制定，相关方对环境问题和可持续发展的关注也在普遍增长。"

2016 版标准对组织实施环境管理体系，采用系统的方法进行环境管理的背景表述更加清晰。

0.2 环境管理体系的目的

本标准旨在为各组织提供框架，以保护环境，响应变化的环境状况，同时与社会经济需求保持平衡。本标准规定了环境管理体系的要求，使组织能够实现其设定的环境管理体系的预期结果。

环境管理的系统方法可向最高管理者提供信息，通过下列途径以获得长期成功，并为促进可持续发展创建可选方案：

——预防或减轻不利环境影响以保护环境；

——减轻环境状况对组织的潜在不利影响；

——帮助组织履行合规义务；

——提升环境绩效；

——运用生命周期观点，控制或影响组织的产品和服务的设计、制造、交付、消费和处置的方式，能够防止环境影响被无意地转移到生命周期的其他阶段；

——实施环境友好的、且可巩固组织市场地位的可选方案，以获得财务和运营收益；

——与有关的相关方沟通环境信息。

本标准不拟增加或改变对组织的法律法规要求。

理解要点

1. 环境管理体系的目的是：为各组织提供框架，以保护环境，响应变化的环境状况，同时与社会经济需求保持平衡。

2. 环境管理的系统方法可向最高管理者提供信息，并为促进可持续发展创建可选方案。

3. 提出了环境管理的系统方法获得长期成功的 7 个方面途径。

4. 应用本标准不拟增加或改变组织的法律法规要求。

5. 上一版表述为：

"环境管理标准旨在为组织规定有效的环境管理体系要素，这些要素可与其他管理要求相结合，帮助组织实现其环境目标与经济目标。如同其他标准一样，这些标准不是用来制造非关税贸易壁垒，也不增加或改变组织的法律责任。"

2016 版标准明确了组织建立、实施环境管理体系的目的、环境管理的系统方法及其途径。

0.3 成功因素

环境管理体系的成功实施取决于最高管理者领导下的组织各层次和职能的承诺。组织可利用机遇，尤其是那些具有战略和竞争意义的机遇，预防或减轻不利的环境影响，增强有益的环境影响。通过将环境管理融入到组织的业务过程、战略方向和决策制定过程，与其他业务的优先项相协调，并将环境管理纳入组织的全面管理体系中，最高管理者就能够有效地应对其风险和机遇。成功实施本标准可使相关方确信组织已建立了有效的环境管理体系。

然而，采用本标准本身并不保证能够获得最佳环境结果。本标准的应用可因组织所处环境的不同而存在差异。两个组织可能从事类似的活动，但是可能拥有不同的合规义务、环境方针承诺，使用不同的环境技术，并有不同的环境绩效目标，然而它们均可能满足本标准的要求。

环境管理体系的详略和复杂程度将取决于组织所处的环境、其环境管理体系的范围、其合规义务，及其活动、产品和服务的性质，包括其环境因素和相关的环境影响。

理解要点

1. 强调了最高管理者领导下的组织各层次和职能的承诺和责任，是环境管理体系成功实施、有效运行的前提。

2. 明确了基于风险的思维对成功实施标准是至关重要的，提出了组织利用机遇的益处和应对风险的措施。

组织可利用机遇，尤其是那些具有战略和竞争意义的机遇，预防或减轻有害的环境影响，增强有益的环境影响。

最高管理者通过将环境管理融入到组织的业务过程、战略方向和决策制定过程，与其他业务的优先项相协调，并将环境管理体系纳入组织的整体管理体系中，能够有效地应对其风险和机遇。

3. 说明了本标准的应用可因组织所处环境的不同而存在差异。采用标准不保证组织能够获得最佳环境结果。两个从事类似活动但具有不同合规义务、环境方针承诺，使用不同的环境技术，并有不同的环境绩效目标的组织，均可能都是满足本标准要求的。

4. 表述了环境管理体系的详略和复杂程度的因素，将取决于组织所处的环境、其环境管理体系的范围、其合规义务，以及其活动、产品和服务的性质，包括其环境因素和相关的环境影响。

5. 上一版表述为：

"体系的成功实施有赖于组织中各个层次与职能的承诺，特别是最高管理者的承诺。

本标准除了要求在方针中承诺遵循适用的法律法规要求和其他应遵守的要求，以及进行污染预防和持续改进外，未提出对环境绩效的绝对要求，因而两个从事类似活动但具有不同环境绩效的组织，可能都是符合本标准要求的。

环境管理体系的详细和复杂程度、体系文件的多少、所投入的资源等，取决于多方面因素，如体系覆盖的范围、组织的规模、其活动、产品和服务的性质等。中小型企业尤其如此。"

相比之下，2016 版标准表述更加全面。

0.4　策划-实施-检查-改进模式

构成环境管理体系的方法是基于策划、实施、检查与改进（PDCA）的概念。PDCA 模式为组织提供了一个循环渐进的过程，用以实现持续改进。该模式可应用于环境管理体系及其每个单独的要素。该模式可简述如下：

——策划：建立所需的环境目标和过程，以实现与组织的环境方针相一致的结果；

——实施：实施所策划的过程；

——检查：依据环境方针（包括其承诺）、环境目标和运行准则，对过程进行监视和测量，并报告结果；

——改进：采取措施以持续改进。

图1展示了本标准采用的结构如何融入PDCA模式，它能够帮助新的和现有的使用者理解系统方法的重要性。

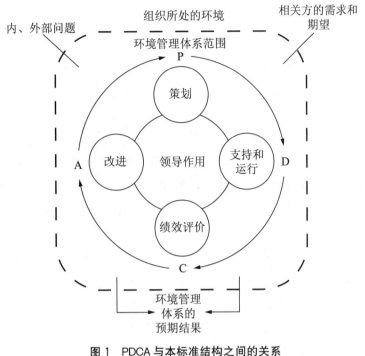

图1 PDCA与本标准结构之间的关系

🔴理🔴解🔴要🔴点

1. 表述了环境管理体系的运行模式：策划-实施-检查-改进模式（PDCA模式），该模式可应用于环境管理体系及其每个单独的要素。

2. 用图示方法展示了本标准采用的结构如何融入PDCA模式，能够帮助新的和现有的使用者理解系统方法的重要性。

3. 组织应采用系统的方法持续改进环境绩效。环境管理体系的运行模式与其他管理体系的运行模式相似，共同遵守PDCA管理模式。

4. 环境管理体系的运行模式是一个螺旋上升的闭环式模式，是一个动态循环的PDCA，体现了持续改进的思想，环境管理体系的效能是通过体系的不间断地运行而不断完善和改进得到的，持续改进是环境管理体系的灵魂。

5. 2004版运行模式PDCA是按照2004版第四章的内容展开的一个螺旋上升的闭环式模式，新版因标准结构发生变化，运行模式表述也发生了变化。

组织要利用PDCA循环的方法系统管理过程，包括子过程。新版标准所描述的环境管理体系由策划、支持和运行、绩效评价、改进四个大过程组成，每个大过程中还包括若干个子过程。

策划过程包括了本标准第6章的内容，输入是组织环境、相关方（含顾客）的需求和期望，输出是策划的结果，即应对风险和机遇的措施、环境目标及其实现策划的结果。

支持和运行过程包括了本标准中第七章和第八章的内容，支持过程包括资源、能力、意识、信息交流和文件化信息过程，运行过程包括运行策划和控制过程、应急准备和响应过程，通过对支持和运行过程控制，确保环境管理体系要求有效实施，获得良好的环境管理绩效。

绩效评价过程包括了本标准第9章的内容，通过监视、测量、分析和评价过程控制，内部审核和管理评审评价环境管理体系的绩效和有效性。

改进过程包括了本标准中第 10 章的内容,通过确定和选择改进的机会、针对不合格采取纠正措施并有效实施,持续改进环境管理体系。

领导作用过程包括了本标准中第 5 章的内容,在环境管理体系的建立和实施中有十分重要的作用,通过明确最高管理者在环境管理体系中的领导作用与承诺、不断了解相关方需求和期望、制定与组织战略方向保持一致的环境方针,分配各相关角色的职责和权限,确保环境管理体系各个过程有效实施。

0.5 本标准内容

本标准符合 ISO 对管理体系标准的要求。这些要求包括一个高阶结构,相同的核心正文,以及具有核心定义的通用术语,目的是方便使用者实施多个 ISO 管理体系标准。

本标准不包含针对其他管理体系的要求,例如:质量、职业健康安全,能源或财务管理。然而,本标准使组织能够运用共同的方法和基于风险的思想,将其环境管理体系与其他管理体系的要求进行整合。

本标准包括了评价符合性所需的要求。任何有愿望的组织均可能通过以下方式证实符合本标准:

——进行自我评价和自我声明;

——寻求组织的相关方(例如:顾客),对其符合性进行确认;

——寻求组织的外部机构对其自我声明的确认;

——寻求外部组织对其环境管理体系进行认证或注册。

附录 A 提供了解释性信息以防止对本标准要求的错误理解。附录 B 显示了本标准与以往版本之间概括的技术对照。有关环境管理体系的实施指南包含在 GB/T 24004 中。

本标准使用以下助动词:

——"应"(shall)表示要求;

——"应当"(should)表示建议;

——"可以"(may)表示允许;

——"可、可能、能够"(can)表示可能性或能力。

标记"注"的信息旨在帮助理解或使用本文件。第 3 章使用的"注"提供了附加信息,以补充术语信息,可能包括使用术语的相关规定。

第 3 章中的术语和定义按照概念的顺序进行编排,本文件最后还给出了按字母顺序的索引。

理解要点

1. 说明本标准符合 ISO 对管理体系标准的要求。

ISO 对管理体系标准的要求包括一个高层结构,相同的核心正文,以及具有核心定义的通用术语,目的是方便使用者实施多个 ISO 管理体系标准。

2. 说明了环境管理体系与组织其他管理体系关系。

本标准不包含质量、职业健康安全、能源和财务等管理体系特定要求的内容。

能够运用共同的方法和基于风险的思想,将环境管理体系与组织其他管理体系有机结合。

3. 本标准包括了评价符合性所需的要求,说明任何有愿望的组织可以采用标准证实与本标准的符合。

4. 说明标准附录、使用助动词的含义、第 3 章中的术语和定义按照概念顺序进行编排，本标准最后还给出了按字母顺序的索引。

第二节　范围和规范性引用文件

1　范围

本标准规定了组织能够用于提升其环境绩效的环境管理体系要求。本标准可供寻求以系统的方式管理其环境责任的组织使用，从而为"环境支柱"的可持续性做出贡献。

本标准可帮助组织实现其环境管理体系的预期结果，这些结果将为环境、组织自身和相关方带来价值。与组织的环境方针保持一致的环境管理体系预期结果包括：

——提升环境绩效；

——履行合规义务；

——实现环境目标。

本标准适用于任何规模、类型和性质的组织，并适用于组织基于生命周期观点所确定的其活动、产品和服务中能够控制或能够施加影响的环境因素。本标准未提出具体的环境绩效准则。

本标准能够全部或部分地用于系统地改进环境管理。然而，只有当本标准的所有要求都被包含在组织的环境管理体系中且全部得到满足，组织才能声明符合本标准。

理 解 要 点

1. 本章明确了标准的应用范围，说明采用标准组织可以得到什么结果。

2. 本章明确了标准的广泛适用性，适用于任何规模、类型和性质的组织，并适用于组织基于生命周期观点所确定的其活动、产品和服务中能够控制或能够施加影响的环境因素。

3. 本标准未提出具体的环境绩效准则。

4. 本标准能够全部或部分地用于系统地改进环境管理。

5. 本标准的所有要求都被包含在组织的环境管理体系中且全部得到满足，组织才能声明符合本标准。

6. 与上一版对照主要变化如下：

1）明确强调了标准规定的环境管理体系要求能够用来提升其环境绩效的，可供"寻求以系统的方式管理其环境责任"、从而为"环境支柱"的可持续性做出贡献目的组织使用。

2）提出了环境管理体系的预期结果。

本标准可帮助组织实现其环境管理体系的预期结果，这些结果将为环境、组织自身和相关方带来价值。与组织的环境方针保持一致的环境管理体系预期结果包括：

——提升环境绩效；

——履行合规义务；

——实现环境目标。

"预期结果"表示组织期望通过实施其环境管理体系达成的目的。最低限度的三个"预期结果"包括：提升环境绩效，履行合规义务和实现环境目标。组织可以对其环境管理体系设置更多的预期结果。例如，与其保护环境的承诺相一致，组织可以建立一个致力于实现可持续发展的预期结果。

"提升环境绩效"的基本含义是：降低组织的不利环境影响（即：减少资源的使用，减少废气、废水及废物的排放等）或提升组织的有益影响（例如：对副产品进行再利用和再循环，保护土地等）。

3）本标准适用于任何规模、类型和性质的组织，并适用于组织基于生命周期观点所确定的其活动、产品和服务中能够控制或能够施加影响的环境因素。

4）本标准能够全部或部分地用于系统地改进环境管理。然而，只有当本标准的所有要求都被包含在组织的环境管理体系中且全部得到满足，组织才能声明符合本标准。

---

2 规范性引用文件

无规范性引用文件。

理 解 要 点

1. GB/T 24001—2016 无规范性引用文件。该标准是环境管理体系要求及使用指南标准，对标准正文的理解引用附录 A 中的使用指南。

2. 与上一版要求对照无变化。

第三节 术语和定义

术语和定义可以帮助组织更加准确地理解 GB/T 24001 标准的要求，便于一致性地应用标准，达到环境管理体系的预期目标。组织可在应用 GB/T 24001 标准时结合相关术语和定义理解。

本标准中的术语和定义分为 4 部分共 33 个术语，具体内容如下：

——与组织和领导作用有关的术语 6 个，分别是：管理体系、环境管理体系、环境方针、组织、最高管理者、相关方；

——与策划有关的术语 11 个，分别是：环境、环境因素、环境状况、环境影响、目标、环境目标、污染预防、要求、合规义务、风险、风险和机遇；

——与支持和运行有关的术语 5 个，分别是：能力、文件化信息、生命周期、外包、过程；

——与绩效评价和改进有关的术语 11 个，分别是：审核、符合、不符合、纠正措施、持续改进、有效性、参数、监视、测量、绩效、环境绩效。

一、 与组织和领导作用有关的术语

3.1.1

管理体系 management system

组织（3.1.4）用于建立方针、目标（3.2.5）以及实现这些目标的过程（3.3.5）的相互关联或相互作用的一组要素。

注1：一个管理体系可关注一个或多个领域（例如：质量、环境、职业健康和安全、能源、财务管理）。

注2：体系要素包括组织的结构、角色和职责、策划和运行、绩效评价和改进。

注3：管理体系的范围可能包括整个组织、其特定的职能、其特定的部门，或跨组织的一个或多个职能。

理解要点

管理体系是一些具有特定功能和作用的管理要素组成的有机整体，一般包括：1）组织机构与职责；2）资源，如人力、物力和财力；3）组织的管理过程和规章。企业管理体系的好坏，会影响到企业的长远发展。

3.1.2

环境管理体系 environmental management system

管理体系（3.1.1）的一部分，用于管理环境因素（3.2.2）、履行合规义务（3.2.9），并应对风险和机遇（3.2.11）。

理解要点

1. 环境管理体系的目的是用于管理环境因素、履行合规义务，并应对风险和机遇。

2. 环境管理体系是由组织环境、领导作用、策划、支持、运行、绩效评价和改进一级要素及其二级要素组成。环境管理体系又是组织整个管理体系的一个组成部分。

3. 环境管理体系不是上述各要素的简单堆积，而是依据这些要素的功能进行有机的结合和排列，体现了管理的科学化、系统化，使之循环运转、螺旋上升，达到持续改进的目的。

3.1.3

环境方针 environmental policy

由最高管理者（3.1.5）就环境绩效（3.4.11）正式表述的组织（3.1.4）的意图和方向。

理解要点

环境方针是一个组织在环境管理方面基于自身现状的总体指导方向，是组织对于开展环境管理工作的行为准则和工作原则的概括性表述，体现了组织对环境管理所要取得的环境绩效的总体意图。它为组织制定环境管理目标提供了依据和出发点。

3.1.4

组织 organization

为实现目标（3.2.5），由职责、权限和相互关系构成自身功能的一个人或一组人。

注1：组织包括但不限于个体经营者、公司、集团公司、商行、企事业单位、政府机构、合股经营的公司、公益机构、社团，或上述单位中的一部分或结合体，无论其是否具有法人资格、公营或私营。

理解要点

组织的形式可能是公司、集团公司、商行、企业、政府机构、事业单位，也可能是这些单位的部分或结合体。组织的形式是多种多样的，但都有其自身职能和行政管理权限。

对于结构较为复杂的组织，可以按其运行单位分为多个组织，每个运行单位应具有独立的职能和行政管理权限。如总公司与分公司、总厂与分厂、大学与分校等。

3.1.5

最高管理者 top management

在最高层指挥并控制组织（3.1.4）的一个人或一组人。

注1：最高管理者有权在组织内部授权并提供资源。

注2：若管理体系（3.1.1）的范围仅覆盖组织的一部分，则最高管理者是指那些指挥并控制组织该部分的人员。

理 解 要 点

最高管理者应通过其领导作用和实际行动，创造一个使员工充分参与的环境，使环境管理体系在这种环境中得到有效运行。

3.1.6

相关方 interested party

能够影响决策或活动、受决策或活动影响，或感觉自身受到决策或活动影响的个人或组织（3.1.4）。

示例：相关方可包括顾客、社区、供方、监管部门、非政府组织、投资方和员工。

注1："感觉自身受到影响"意指已使组织知晓这种感觉。

理 解 要 点

1. 相关方也称利益相关方，可以是个人，也可以是组织，可以是组织内部的，也可以是组织外部的；可以是团体，也可以是个人。如：顾客、社区、供方、监管部门、非政府组织、投资方和员工。某种意义上讲，组织的相关方可以是整个社会的所有群体。他们的共同特点是关注组织的环境表现（行为），或受到组织环境表现（行为）的影响。关注组织环境行为的相关方还可包括：银行、信贷、政府部门（如规划部门、环境部门等）、环境保护组织等。某种意义上讲，组织的相关方可以是整个社会。

2. 相关方与组织相互影响，如：与组织相邻的工厂、周围的居民、客户、员工等。影响可以是：可影响决策或活动，也被决策或活动所影响，或他自己感觉到被决策或活动所影响的情况。在GB/T 24001中组织的相关方是指与其环境管理体系有关的相关方。

二、 与策划有关的术语

3.2.1

环境 environment

组织（3.1.4）运行活动的外部存在，包括空气、水、土地、自然资源、植物、动物、人，以及它们之间的相互关系。

注1：外部存在可能从组织内延伸到当地、区域和全球系统。

注2：外部存在可用生物多样性、生态系统、气候或其他特征来描述。

理 解 要 点

1. 一般认为，环境是围绕着人类存在的空间以及可以直接、间接影响人类生存和发展的各种因素的总体。在本定义中，主体是组织及其运行活动，从这意义上讲，环境是指一个组织的活动的外部存在。

2. "外部存在"是指一种或多种要素的组合，它是一种客观的存在，例如，空气、水、土地、自然资源、植物、动物、人类等。环境并不是以上要素的简单集合，而是一个有机整体，包括以上所有物质与形态的组合和相互作用的结果。它们共存与环境中，相互依赖、相互制约、相互影响。

3. 环境是动态的、不断变化着的。随着组织运行活动的深入开展，其周边事物和相互之间的关系也在不断演变。

4. 外部存在不仅局限于一个组织的周边，它可以延伸到全球系统，外部存在可能用生物多样性、生态系统、气候或其他特征来描述。如酸雨、臭氧层破坏、生物多样性破坏等都是全球性的问题。在考虑环境问题时，不仅包括组织内部和组织外部周边事物，还应把思路向更大范围扩展——全省、全国、全人类，这就是"地球村"的深刻含义。

3.2.2

环境因素　environment aspect

一个组织（3.1.4）的活动、产品和服务中与环境或能与环境（3.2.1）发生相互作用的要素。

注1：一项环境因素可能产生一种或多种环境影响（3.2.4）。重要环境因素是指具有或能够产生一种或多种重大环境影响的环境因素。

注2：重要环境因素是由组织运用一个或多个准则确定的。

理解要点

1. 要素是构成某种事物的必要因素，体现了事物本身的特性。要素只有在与环境发生作用时方可成为环境因素。因此与环境发生相互作用是构成环境因素的必要条件。从这一点上讲，环境因素的描述应反映出物质与环境发生相互作用的状态。如酒精本身不是环境因素，但酒精在密封不好或泄漏的状态下会与环境发生作用，因此，其环境因素为酒精挥发、酒精泄漏等。

2. 组织向社会提供的产品或服务尽管多种多样，但都是活动或过程的结果。组织在向社会提供的产品或服务的活动或过程中，有资源和能源的消耗、产品的加工制造、包装运输和贮存等环节，每个环节中又会有复杂程度不等的环节。这些产品或服务及所有这些过程和环节都可能对环境发生作用。例如，生产过程中有毒、有害气体的排放，含有害物质废水的排放，植树造林绿化荒山等等，都属于与环境发生相互作用的要素，即环境因素，其结果是产生环境影响。

环境因素来自组织的活动、产品和服务，例如清洗设备是一种活动，这种活动可以产生废水的排放；一项活动可以有多项环境因素，一项环境因素可能产生一种或多种环境影响，如烧锅炉活动的环境因素，不仅是废气排放，还有废水排放、噪声排放、炉渣排放等。下面给出了一些环境因素描述的举例：

含 SO_2 废气的排放、过期药品的处理、空油漆桶的处置、汽车尾气的排放（Pb、NO_x，CH 化合物等）、CFC 的泄漏、电能的消耗、电池的处置、×××化学品的泄漏、地下油库的爆炸、含铬废水的排放、废乳化液的排放、石棉废弃物的处置、发电机噪声辐射等。

3. 环境因素和环境影响之间的关系是因果关系，环境因素的重要性应与可能造成的环境影响程度相一致。能产生重大环境影响的环境因素称为重要环境因素。

3.2.3

环境状况　environmental condition

在某个特定时间点确定的环境（3.2.1）的状态或特征。

理解要点

1. 生态环境是指人们生活环境的状况。主要表现在水土流失，垃圾污染，大气污染，噪音污染等方面。我国生态环境的基本状况是：总体环境在恶化，局部环境在改善，治理能力远远赶不上破环速度，生态赤字在逐渐扩大。

2. 近年来我国环境保护行政主管部门每年对环境状态进行公报，譬如：2015 年环境状况公报对污染物排放、淡水环境、海洋环境、大气环境、声环境、辐射环境、自然生态环境、土地与农村环境、森林环境、草原环境、气候与自然灾害、交通状况、能源状况等年度环境状态或特征情况采集数据、评价并公报，其中确定的污染物排放情况主要环境特征或状态是：

——废水：主要污染物化学需氧量排放总量、氨氮排放总量；

——废气：中主要污染物二氧化硫排放总量、氮氧化物排放总量；

——固体废物：全国工业固体废物产生量、综合利用量（含利用往年贮存量）、综合利用率；

——城市生活排放：全国设市城市污水处理厂数量、污水日处理能力、全国城市污水处理厂累计处理污水、城市污水处理率、全国设市城市粪便清运等。

组织的管理、运行与环境状况关系见图 2-1。

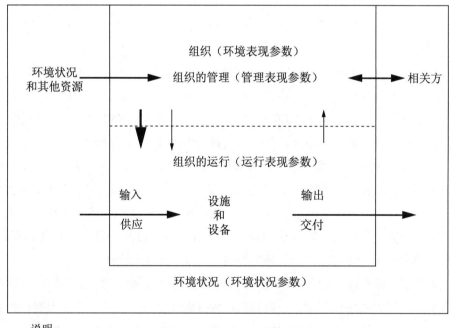

图 2-1　组织的管理、运行与环境状况相互关系图

环境状况例子有：

——水体质量属于三类水体；

——空气质量属于二级；

——气候潮湿；

——有无珍惜或保护生物；

——植被茂密。

3.2.4

环境影响 environmental impact

全部或部分地由组织（3.1.4）的环境因素（3.2.2）给环境（3.2.1）造成的不利或有益的变化。

🈷 🈯 🈴 🈵

1. 环境影响强调的是一种"变化"。

2. 环境影响是由环境因素引起的环境变化。如大气排放这一环境因素，它带来的环境变化是空气污染乃至损害人体健康，这种变化称为环境影响，也可称为不利的环境影响。变化可以是不利的，也可以是有益的，如植树造林绿化荒山这一环境因素，其结果是引起环境质量改善，是一种有益的变化。

3. 环境因素与环境影响之间是因果关系。环境因素是导致环境影响的原因，环境影响则是环境因素作用于组织活动、产品和服务的结果，其示例见表2-1。

表 2-1 活动、产品或服务、环境因素、环境影响举例

活动、产品或服务	环境因素	环境影响
活动——搬运危险材料	潜在的泄漏事件	土壤或水污染
产品——产品改进	产品改型后体积减少	保护自然资源
服务——车辆维护	减少废气排放量油的滴漏	减少空气污染土壤或水污染

注：同一种物质可能会有多种活动，同一活动可能会有多种环境因素，同一种环境因素可能会有多种环境影响。

4. 通常，出于环境保护的目的，人们对不利的环境变化较为关注。然而当我们考察一个组织的环境影响，并对其进行综合评价时，有益的变化也应注意，并应鼓励和支持组织在这方面作出贡献。

3.2.5

目标 objective

要实现的结果。

注1：目标可能是战略性的、战术性的或运行层面的。

注2：目标可能涉及不同的领域（例如：财务、健康与安全以及环境的目标），并能够应用于不同层面［例如：战略性的、组织层面的、项目、产品、服务和过程（3.3.5）］。

注3：目标可能以其他方式表达，例如：预期结果、目的、运行准则、环境目标（3.2.6），或使用其他意思相近的词语，例如：指标等表达。

3.2.6

环境目标 environmental objective

组织（3.1.4）依据其环境方针（3.1.3）建立的目标（3.2.5）。

🈷 🈯 🈴 🈵

1. 目标可能是战略性的、战术性的或运行层面的。

目标可能涉及不同的领域（例如：财务、健康与安全以及环境的目标），并能够应用于不同层面（例如：战略、组织范围、项目、产品、服务和过程）。目标可能以其他方式表达，例如：预期结果、目的、运行准则、环境目标，或使用其他意思相近的词语，例如：指标等表达。

目标应尽可能地量化。

2. 组织的环境目标应依据其环境方针制定，应与环境方针相适宜，环境目标是组织期望实现的总体环境目的。

3. 组织在制定环境目标时，除充分考虑落实环境方针外，还应考虑环境评审结果、已确定的环境因素（尤其是重大环境因素），法律、法规和其他相关要求以及技术、经济、运行和经营等方面的情况，使所定目标切实可行。

3.2.7

污染预防　prevention of pollution

为了降低有害的环境影响（3.2.4）而采用（或综合采用）过程（3.3.5）、惯例、技术、材料、产品、服务或能源以避免、减少或控制任何类型的污染物或废物的产生、排放或废弃。

注：污染预防可包括源消减或消除，过程、产品或服务的更改，资源的有效利用，材料或能源替代，再利用、回收、再循环、再生或处理。

理解要点

1. 污染预防是提高环境绩效、实现改进的重要途径，是环境管理体系处理和解决环境问题的基本原则，是当代环境管理的重要指导思想。

污染预防的原则是：从源头入手，不产生污染为最优选择，其次减少污染产出，最后才采取必要的末端治理，控制污染。

降低有害的环境影响是污染预防的目的，组织应从产品的设计开发、生产过程直到废弃物回收利用等各个环节，采取各种管理手段和技术措施，实现避免、减少或控制污染物或废物的产生、排放或废弃。

2. 对源的消减往往具有事半功倍的效果，它一方面能够避免污染物的排放和废物的产生，另一方面又节约了资源。可将污染预防思想运用于新产品和服务的设计和开发，以及相关过程的建立。这能帮助组织在提供产品和服务中节约资源、减少废物和排放。ISO/TR 14062 提供了关于产品环境友好设计的理念和实践方面的指南。

3. 但在某些情况下，或对于某些组织而言，通过源的削减来实现污染预防可能难以做到。此时，组织应当从污染预防的角度确定各种方法的优先等级，其中最优先的是在源头上进行污染预防，以下是从污染预防的角度应考虑的优先顺序：

a）源的削减（包括环境上合理的设计和开发，材料替代，过程、产品或技术的变更和有效使用，以及能源和资源的节约）；

b）内部再利用或再循环（材料在过程或设施中的再利用或再循环）；

c）外部再利用或再循环（材料转移到其他地方进行再利用或再循环）；

d）回收和处理（为了减少环境影响，从现场内、外的废物流中进行回收、对排放进行处理、对现场内、外的废物进行处理等）；

e）控制机制，例如在经过许可的条件下进行焚烧或有控制的处置。但上述方法应当在其他方法不适合时再考虑使用。

3.2.8

要求 requirement

明示的、通常隐含的或必须满足的需求或期望。

注1："通常隐含的"是指对组织（3.1.4）和相关方（3.1.6）而言是惯例或一般做法，所考虑的需求或期望是不言而喻的。

注2：规定要求指明示的要求，例如：文件化信息（3.3.2）中规定的要求。

注3：法律法规要求以外的要求一经组织决定遵守即成为了义务。

理 解 要 点

1. 本术语是 ISO 管理体系标准通用术语。

2. 理解这个术语，关键是要知道这里的"要求"都包括哪些内容，即术语的外延。

定义中给出了三部分内容：即"明示的要求""隐含的要求"和"必须满足的要求"。

明示的要求就是通过口头、书面或其他明确的方式提出的要求。

隐含的要求是属于所有的相关方都有的要求，一般是不言而喻的要求，这种要求在很多情况下相关方是不会提出的。如人们去某饭店用餐，可能会对口味提出要求，因为每个人都的喜好不同，但绝对不会对饭菜的制作过程的环境保护行为提出要求，因此这一要求是众所周知的，无需多言。

必须满足的要求一般是泛指法律法规、标准等强制性要求。

3. 法律法规要求以外的要求一经组织决定遵守即成为了义务。

3.2.9

合规义务 compliance obligations（首选术语）

法律法规和其他要求 legal requirements and other requirements（许用术语）

组织（3.1.4）必须遵守的法律法规要求（3.2.8），以及组织必须遵守或选择遵守的其他要求。

注1：合规义务是与环境管理体系（3.1.2）相关的。

注2：合规义务可能来自于强制性要求，例如：适用的法律和法规，或来自于自愿性承诺，例如：组织的和行业的标准、合同规定、操作规程、与社团或非政府组织间的协议。

理 解 要 点

1. 合规义务是指与环境管理体系相关的、必须遵守的法律法规要求以及组织必须遵守或选择遵守的其他要求。

2. "合规义务"是首选用语，"法律法规和其他要求"为许用术语。

3. 法律法规要求是强制性要求，可能包括：

a）政府机构或其他相关权力机构的要求；

b）国际的、国家的和地方的法律法规；

c）许可、执照或其他形式授权中规定的要求；

d）监管机构颁布的法令、条例或指南；

e）法院或行政的裁决。

法律法规要求是指由政府部门（包括国际、国家和地方）发布的或授予的，具有法律效力的各种要求或授权，包括法律、法规、规章、强制性标准（技术法规）。例如：《中华人民共和国环境保护法》、《中华人民共和国能源法》、《中华人民共和国大气污染防治法》等。

4. 其他要求是指组织须采纳或选择采纳的与其环境管理体系有关的其他相关方的要求，包括自愿性承诺，例如：组织的和行业的标准、合同规定、操作规程、与社团或非政府组织间的协议等。其他要求适用时，可能包括：

——与社会团体或非政府组织达成的协议；

——与公共机关或客户达成的协议；

——组织的要求；

——自愿性原则或业务守则；

——自愿性环境标志或环境承诺；

——组织签订的合同约定的义务；

——相关的组织标准或行业标准。

3.2.10

风险 risk

不确定性的影响。

注1：影响指对预期的偏离——正面的或负面的。

注2：不确定性是一种状态，是指对某一事件、其后果或其发生的可能性缺乏（包括部分缺乏）信息、理解或知识。

注3：通常用潜在"事件"（见 GB/T 23694—2013 中的 4.5.1.3）和"后果"，（见 GB/T 23694—2013 中的 4.6.1.3），或两者的结合来描述风险的特性。

注4：风险通常以事件后果（包括环境的变化）与相关的事件发生的"可能性"（见 GB/T 23694—2013 中的 4.6.1.1）的组合来表示。

理解要点

1. 风险的不确定性，包括损失发生与否不确定、发生的时间不确定、损失的程度不确定等三层含义。一般，人们通常将风险理解为自然灾害和意外事故。

2. 风险具有客观性、偶然性、可变性等特性。

——客观性：风险是由客观存在的自然现象以及社会现象所引起的，是一种客观存在，而不是人的头脑中的主观想象；

——偶然性：对特定的个体而言，遭遇风险事故是偶然的，这就是风险的偶然性；

——可变性：风险的变化主要是由风险因素（风险事故发生的潜在原因，是造成损失的间接原因）的变化所引起的。

3.2.11

风险和机遇 risks and opportunities

潜在的不利影响（威胁）和潜在的有益影响（机会）。

理解要点

1. GB/T 24001—2016 标准将风险意识——基于风险的思维，列为贯穿组织环境管理体系的基本核心要求。

2. 不确定性是指：与事件和其后果或可能性的理解或知识方面的信息的缺失状态、或不完整。风险表现为不确定性，说明风险产生的结果可能带来损失、获利或是无损失也无获利，属于广义风险。

3. 风险可以是有积极作用的机会，也可以是消极的后果。

4. 为确保组织能够实现其环境管理体系的预期结果，预防或减少非预期影响以实现持续改进。组织可通过确定其需要应对的风险和机遇，策划措施进行处理来确保实现。这些风险和机遇可能与环境因素、合规义务，其他问题，或其他相关方的需求和期望有关。

环境因素可能产生与不利环境影响、有益环境影响和其他对组织的影响有关的风险和机遇。可将确定与环境因素有关的风险和机遇作为重要性评价的一部分，也可单独确定。

合规义务可能产生风险和机遇，例如：未履行合规义务可损害组织的声誉或导致诉讼；或更多地履行合规义务，能够提升组织的声誉。

组织也可能存在与其他问题有关的风险和机遇，包括环境状况，或相关方的需求和期望，这些都可能影响组织实现其环境管理体系预期结果的能力。例如：

a）因气候变化而导致的可影响组织的建筑物或场地的洪涝的增强；

b）由于经济约束导致缺乏可获得的资源来保持一个有效的环境管理体系；

c）通过政府财政资助引进新技术，可能改善空气质量；

d）旱季缺水可能影响组织排放控制设备的运行能力。

紧急情况是非预期的或突发的事件，需要紧急采取特殊应对能力、资源或过程加以预防或减轻其实际或潜在的后果。紧急情况可能导致有害环境影响或对组织造成其他影响。组织在确定潜在的紧急情况（例如：火灾、化学品溢出、恶劣天气）时，应当考虑以下内容：

—— 现场危险物品（例如：易燃液体、贮油箱、压缩气体）的性质；

—— 紧急情况最有可能的类型和规模；

—— 附近设施（例如：工厂、道路、铁路线）的潜在紧急情况。

GB/T 24001—2016 偏重于对组织环境风险中负面影响的识别、分析、评估和控制措施的管理。

5. 风险通常是以某个事件的后果（包括情况的变化）及其发生的可能性的组合来表述。

三、 与支持和运行有关的术语

3. 3. 1

能力 competence

运用知识和技能实现预期结果的本领。

🈴🈲🈺🈯

1. 术语"能力"是指人的能力，是指可能影响组织环境绩效、在组织控制下工作的人员运用知识和技能实现预期结果的本领。

2. 能力是指对组织环境绩效和履行合规义务的能力。这些能力例如：

a）确定并评价环境影响或合规义务能力；

b）为实现环境目标做出贡献能力；

c）对紧急情况做出响应能力；

d）实施内部审核能力；

e）实施合规性评价能力。

3.3.2

文件化信息 documented information

组织（3.1.4）需要控制并保持的信息，以及承载信息的载体。

注1：文件化信息可以任何形式和承载载体存在，并可能来自任何来源。

注2：文件化信息可能涉及：

——环境管理体系（3.1.2），包括相关过程（3.3.5）；

——为组织运行而创建的信息（可能被称为文件）；

——实现结果的证据（可能被称为记录）。

⊕理⊕解⊕要⊕点

1."文件化信息"适用于 GB/T 24001—2016 标准所有的文件要求，环境管理体系的文件化信息可与组织实施的其他管理体系信息相整合。文件化信息不一定以手册的形式呈现。

2. 组织的环境管理体系应包括：本标准要求的文件化信息、组织确定的实现环境管理体系有效性所必需的文件化信息。

3. 组织应当创建并保持充分的文件化信息，以确保实施适宜、充分和有效的环境管理体系。

应当将关注点放在环境管理体系的实施和环境绩效上，而非复杂的文件化信息控制系统。

除了本标准特定条款所要求的文件化信息外，组织可针对透明性、责任、连续性、一致性、培训，或易于审核等目的，选择创建附加的文件化信息。

可使用最初并非以环境管理体系的目的而创建的文件化信息。

4. 不同组织的环境管理体系文件化信息的复杂程度可能不同，取决于：

——组织的规模及其活动、过程、产品和服务的类型；

——证明履行其合规义务的需要；

——过程的复杂性及其相互作用；

——在组织控制下工作的人员的能力。

3.3.3

生命周期 life cycle

产品（或服务）系统中前后衔接的一系列阶段，从自然界或从自然资源中获取原材料，直至最终处置。

注1：生命周期阶段包括原材料获取、设计、生产、运输和（或）交付、使用、寿命结束后处理和最终处置。

［修订自：GB/T 24044—2008 中的 3.1，词语"（或服务）"已加入该定义，并增加了"注1"］

⊕理⊕解⊕要⊕点

1. 生命周期是指某一产品（或服务）从取得原材料，经生产、使用直至废弃的整个过程，即从摇篮到坟墓的过程。

2. 生命周期是指自然界获取资源、能源，经开采冶炼，加工制造等生产过程形成最终产品，又经贮存、销售、使用消费直至报废的处理处置各阶段的全过程，即产品从摇篮到坟墓，进行物资转化的整个生命周期。

3. 生命周期评价（Life Cycle Assessment，简称 LCA），是一项自 60 年代即开始发展的重要环境管理工具。按 ISO 14040 的定义，生命周期评价是用于评估与某一产品（或服务）相关的环境因素和潜在影响的方法。它是通过编制某一系统相关投入与产出的存量记录，评估与这些投入、产出有关的潜在环境影响，根据生命周期评估研究的目标解释存量记录和环境影响的分析结果来进行的。具体包括互相联系、不断重复进行的四个步骤（生命周期评价技术框架）：目的与范围的确定、清单分析、影响评价和结果解释，其中生命周期清单分析包括：周期清单概述、数据收集和计算程序、生命周期影响评价、周期解释四个部分的内容。

生命周期评价的特点是：

a）生命周期评价面向的是产品或服务系统，对产品或服务"从摇篮到坟墓"的全过程的评价；

b）生命周期是一种系统性、定量化的评价方法；

c）生命周期评价是一种充分重视环境影响的评价方法；

d）生命周期评价是一个种开放性的评价体系。

4. 生命周期评价（LCA）中产品系统的示例见图 2-2。

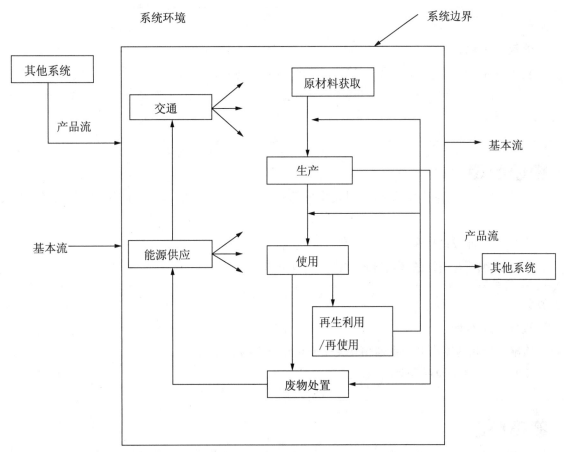

图 2-2　LCA 中产品系统的示例

5. 生命周期评价（LCA）的阶段如图 2-3 所示。

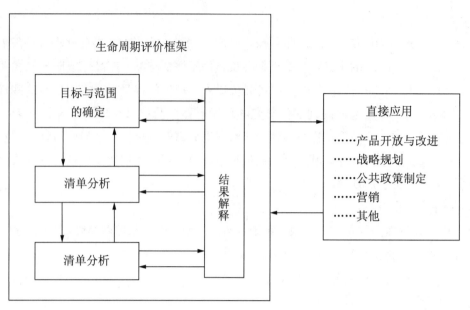

图 2 - 3 LCA 的阶段

3.3.4

外包 outsource

安排外部组织（3.1.4）承担组织的部分职能或过程（3.3.5）。

注1：虽然外包的职能或过程是在组织的管理体系（3.1.1）覆盖范围内，但是外部组织是处在覆盖范围之外。

理解要点

1."外包"这里是动词，是指组织安排外部组织执行属于组织活动、产品和服务部分职能或过程。

2.外包的职能或过程在组织的环境管理体系范围之内。

3.外部组织不在组织的环境管理体系覆盖范围内。

3.3.5

过程 process

将输入转化为输出的一系列相互关联或相互作用的活动。

注1：过程可形成也可不形成文件。

理解要点

1.所谓过程就是一组相关的活动；活动在开展之前有一些必要的条件，被称为"输入"；活动结束后产生一些结果，被称为"输出"。

2.过程通常是通过活动来完成的，这些活动可以为单一活动，也可以为一系列相互关联或相互作用的活动，但活动的输出应是增值的。

3.过程可能形成也可能不形成文件，为确保过程有效，通常通过保持文件化信息进行控制。

四、 与绩效评价和改进有关的术语

3.4.1

审核　audit

获取审核证据并予以客观评价，以判定审核准则满足程度的系统的、独立的、形成文件的过程（3.3.5）。

注1：内部审核由组织（3.1.4）自行实施执行或由外部其他方代表其实施。

注2：审核可以是结合审核（结合两个或多个领域）。

注3：审核应由与被审核活动无责任关系、无偏见和无利益冲突的人员进行，以证实其独立性。

注4："审核证据"包括与审核准则相关且可验证的记录、事实陈述或其他信息；而"审核准则"则是指与审核证据进行比较时作为参照的一组方针、程序或要求（3.2.8），GB/T 19011—2013 中 3.3 和 3.2 中分别对它们进行了定义。

⊙理⊙解⊙要⊙点

1. 审核的特点：审核由一系列相关过程或活动构成，包括收集审核证据、将审核证据与审核准则的规定进行比较、分析和评价审核证据满足审核准则的程度，并记录评价的结果及其支持性证据。

审核是一个系统的、独立的和形成文件的过程：

a）系统性：对于与审核有关的所有过程的及其相互关系和作用，应充分识别、分析、策划，使之处于受控状态；审核是一种正规的、有序的、经过授权并按规定程序进行的活动。

b）独立性：对审核证据的收集、分析以及评价过程应是客观的、公正的，避免受到任何外来因素的影响，以及审核员自身因素的影响。

c）文件化：审核过程应有适当的文件支持，应形成必要的文件，如：审核方案、审核计划、文件评审报告、检查表、审核证据记录、不符合报告、审核报告等均应形成文件。

2. 审核目的：审核是为了评价受审核对象满足要求或准则的程度。

3. 审核对象：可以是产品、过程、管理体系等。

4. 审核类型：

a）按审核方可分为内部审核、外部审核。

b）按审核委托方分为：

——第一方审核：由组织自己或以组织的名义对自身管理体系进行的审核。

——第二方审核：由组织的相关方（如顾客）或由其他人员以相关方的名义进行的审核。

——第三方审核：由外部独立的审核组织（即第三方认证机构）进行的审核。

c）特殊情况下的审核：

——结合审核：不同领域的管理体系一起被审核，如质量管理体系与环境管理体系一起被审核，称为"结合审核"。

——联合审核：两个或两个以上的审核机构合作，共同审核一个受审核方时，称为"联合审核"。

3.4.2

符合　conformity

满足要求（3.2.8）。

3.4.3

不符合　nonconformity

未满足要求（3.2.8）。

注1：不符合与本标准要求及组织（3.1.4）自身规定的附加的环境管理体系（3.1.2）要求有关。

理解要点

1. 符合是指满足环境管理体系要求，不符合是指未满足环境管理体系要求。

2. 在环境管理体系中，"要求"是指：ISO 14001标准的要求，环境法律法规、环境标准的要求，与环境管理有关的准则、惯例等其他要求。

3.4.4

纠正措施　corrective action

为消除不符合（3.4.3）的原因并预防再次发生所采取的措施。

注1：一项不符合可能由不止一个原因导致。

理解要点

1. 纠正措施是消除已实际存在的不符合的原因而采取的措施，从而起到治本的作用，以避免不符合的再次发生。

2. 导致一项不符合的原因可能不止一个。

3.4.5

持续改进　continual improvement

不断提升绩效（3.4.10）的活动。

注1：提升绩效是指运用环境管理体系（3.1.2），提升符合组织（3.1.4）的环境方针（3.1.3）的环境绩效（3.4.11）。

注2：该活动不必同时发生于所有领域，也并非不能间断。

理解要点

1. 改进是指改变原有状况，使得到提高。改进是一种以追本溯源、追根追底的单元分析法为基本方法的有效降低成本、提高质量、增进效益及效率的系统理论。改进的例子可包括纠正、纠正措施、持续改进、突变、创新和重组。如改进产品和服务以满足要求并关注未来的需求和期望；纠正、预防或减少不利影响；改进质量管理体系的绩效和有效性。

2. 持续改进是指提高绩效的循环活动，持续改进强调的是改进环境绩效。为改进制定目标和寻找机会的过程是一个通过利用审核发现和审核结论、数据分析、管理评审或其他方法的持续过程，通常会导致纠正措施或预防措施。

3. 持续改进是GB/T 24001—2016标准的基本思路和出发点。持续改进是一个过程，这个过程就是以组织的环境方针为依据，使环境管理体系的核心要素周而复始的按照PDCA循环的模式运行。环境管理体系在实现其管理功能的同时，也在运行中不断得到强化，并实现环境绩效的改进。持续改进，贵在持续。组织在实施环境管理体系过程中要始终坚持这一基本思想，通过对体系的不断修正和完善，达到改进环境绩效的目标。

4. 组织的环境因素有轻有重，改进项目也有优先次序。改进过程是渐进的、有步骤的、持续的，不必同时发生于所有领域，也并非不能间断。

5. 本术语不仅指环境管理体系的持续改进，可适用于任何一个管理体系；"注"明确提出持续改进是活动，明确了"该活动也并非不能间断"的理解。

> **3.4.6**
>
> **有效性** effectiveness
>
> 实现策划的活动和取得策划的结果的程度。

(理)(解)(要)(点)

有效性包括完成策划的活动和实现策划的结果两个方面，活动完成的程度、结果实现的程度就是有效性，也即一项工作做得好坏的程度。

> **3.4.7**
>
> **参数** indicator
>
> 对运行、管理或状况的条件或状态的可度量的表述。
>
> ［来源：ISO 14031：2013，3.15]

(理)(解)(要)(点)

1. 参数是描述总体特征的概括性数字度量，它是研究者想要了解的总体的某种特征值。参数是一个变量，因此也叫参变量。在研究当前问题的时候，关心某几个变量的变化以及它们之间的相互关系，其中有一个或一些叫自变量，另一个或另一些叫因变量。如果引入一个或一些另外的变量来描述自变量与因变量的变化，引入的变量本来并不是当前问题必须研究的变量，把这样的变量叫做参变量或参数。

2. 在环境管理体系中用来对运行、管理或状况的条件或状态的可度量的表述。

3. 环境参数是表征气候环境状况的参数如辐射、水汽压亏缺、温度、土壤湿度等。

例如：

a）废水中污染物浓度：mg/m^3；

b）废气中污染物浓度：mg/L；

c）排放污染物的总量：吨/年

d）单位产品排放污染物的量：吨。

示例：

物理性污染的参数大部分反映特定的环境质量状况，如噪声的声级、振动的强度级、射线的强度、微波的功率、热辐射的能量。但也有仅仅反映某一环境要素的一个侧面的参数，如大气中颗粒物的浓度、粒径、形态，水的浑浊度、透明度等。

化学性污染的参数大部分是反映某环境要素的单项特征的，例如，在大气质量评价中，常用硫氧化物、一氧化碳、氧化剂、氮氧化物、碳氢化物以及颗粒物浓度作参数反映大气污染的程度。有时，也把二氧化硫浓度和颗粒物浓度的经过乘积修正的相加值、硫酸盐转化速率等作为表示大气质量状况的参数。在水质评价中，除一些常规的水化学参数外，常用微量有害化学元素的含量、农药及其他无机或有机化合物等的含量作参数。其中有毒化学品，特别是各种致畸、致突变的化学产品的参数很受重视。pH 值、生化需氧量（或化学需氧量）、溶解氧浓度等参数，则能综合反映水质状况。

生物性污染参数能综合反映环境质量状况。例如水体中的大肠杆菌数，能反映水质受生活污水的污染程度。一些表示水生生物种属个体及群落变化的参数，能综合反映水体环境质量变异。

3.4.8

监视　monitoring

确定体系、过程（3.3.5）或活动的状态

注 1：为了确定状态，可能需要实施检查、监督或认真地观察。

理解要点

1. 监视是一个广泛的概念，实施监视的目的是为了确定体系、过程或活动的状态。

2. 环境管理体系运行过程中，很多过程，特别是管理过程需要进行监视。过程不同，监视的方法也不同，例如调查、绩效考评、评审、监督、检查等都是常用的监视方法。

3. 以下是一些监视的例子：

a）在线监控污染物的排放量；

b）现场检查危险化学品贮存情况；

c）组织相关人员进行合规性评价；

d）正在进行内部审核活动；

e）召开环境目标、指标的考评会。

3.4.9

测量　measurement

确定数值的过程（3.3.5）。

理解要点

1. 测量是一个广泛的概念，实施测量的目的是为了获得具体数值或量值。

2. 环境管理体系运行过程中，很多过程，特别是环境运行过程污染物排放、资源能源消耗等需要进行测量，通过测量活动可以获得数值或量值。目的不同，测量的方法也不同。例如环境管理目标项目同比、环比的数值；城市污水日处理能力；锅炉二氧化硫排放浓度等。

3. 以下是一些测量的例子：

a）废水中主要污染物化学需氧量排放总量、氨氮排放总量；

b）废气中主要污染物二氧化硫排放总量、氮氧化物排放总量；

c）全国工业固体废物产生量、综合利用量、综合利用率；

d）城市生活排放污水处理能力、城市污水处理率达到 90.2%；

e）工业生产用电消耗量、用水消耗量。

3.4.10

绩效　performance

可度量的结果。

注1：绩效可能与定量或定性的发现有关。

注2：绩效可能与活动、过程（3.3.5）、产品（包括服务）、体系或组织（3.1.4）的管理有关。

理 解 要 点

从管理学角度看，绩效是组织期望的结果，是组织为实现其目标而展现在不同层面上的有效输出。它包括个人绩效和组织绩效两个方面。

3.4.11

环境绩效　environmental performance

与环境因素（3.2.2）的管理有关的绩效（3.4.10）。

注1：对于一个环境管理体系（3.1.2），可依据组织（3.1.4）的环境方针（3.1.3）、环境目标（3.2.6）或其他准则，运用参数（3.4.7）来测量结果。

理 解 要 点

1. 绩效是指可度量的结果，可能与活动、过程、产品（包括服务）、体系或组织的管理有关，可能与定量或定性的发现有关。

2. 环境绩效这一术语的同义语有环境行为和环境表现。

3. 环境绩效与环境因素的管理有关，是一种可测量的结果，是对环境因素进行管理所得到的结果。这个结果可能是改进的或保持的结果，也可能是不好的结果，这与环境管理体系的状况、目标和指标的落实情况、措施是否有效以及组织的经济、技术条件等因素有关。对于不好的结果组织应寻找问题的原因，进行改正。对于一个环境管理体系，可能依据组织的环境方针、环境目标或其他准则，运用参数来测量结果。

4. 环境绩效的结果与环境因素是否得到有效控制等有关。

5. 组织应适时监测其环境绩效，借以判定所确立的目标、指标以及环境管理方案是否切实可行，环境管理体系是否合理、有效。

绩效参数的示例可参见 ISO 14031：2013。

第四节　组织所处的环境

4.1　理解组织及其所处的环境

组织应确定与其宗旨相关并影响其实现环境管理体系预期结果的能力的外部和内部问题。这些问题应包括受组织影响的或能够影响组织的环境状况。

理 解 要 点

1. 本条款为 2016 版新增条款。

2. 本条款旨在针对可能对组织管理其环境职责的方式产生影响（正面的或负面的）的重要问题

提供一个高层次的、概念性的理解。这些问题是组织的重要议题，也是需要探讨和讨论的问题，或是对组织实现其设定的环境管理体系预期结果的能力造成影响的变化着的情况。

与组织所处的环境可能相关的内、外部问题示例如下：

（1）与气候、空气质量、水质量、土地使用、现存污染、自然资源的可获得性、生物多样性等相关的、可能影响组织目的或受组织环境因素影响的环境状况；

（2）外部的文化、社会、政治、法律、监管、财务、技术、经济、自然以及竞争环境，包括国际的、国内的、区域的和地方的；

（3）组织内部特征或条件，例如：其活动、产品和服务、战略方向、文化与能力（即：人员、知识、过程、体系）。

理解组织所处的环境可用于其建立、实施、保持并持续改进其环境管理体系（见条款 4.4）。4.1 所确定的内外部问题可能给组织或环境管理体系带来风险和机遇（见条款 6.1.1～条款 6.1.3）。组织可从中确定那些需要应对和管理的风险和机遇（见条款 6.1.4，6.2，7，8 和 9.1）。

3. 组织一般不会就上述内容形成一个报告或文件，故需要审核员去获得、理解上述内容，可以通过以下途径取得信息，如：组织的网站、组织的经营发展规划、组织的方针、组织的文化、环评报告、排污年度报告、国家或地方的环保年度报告、国家的行业政策、组织的性质等。

4.2   理解相关方的需求和期望

组织应确定：

a）与环境管理体系有关的相关方；

b）这些相关方的有关需求和期望（即要求）；

c）这些需求和期望中哪些将成为其合规义务。

理解要点

1. 本条款是 2016 版新增内容。

2. 本标准希望组织对那些已确定与其有关的内外部相关方所明示的需求和期望有一个总体的（即高层次非细节性的）理解。组织在确定这些需求和期望中哪些他们必须满足或选择满足〔即合规义务（见条款 6.1.1）〕时，需考虑其所获得的知识。当相关方认为其受到组织有关环境绩效的决策或活动的影响时，则组织应考虑该相关方向其告知或披露的相关需求和期望。相关方的要求不一定是组织必须满足的要求。一些相关方的要求体现了强制性的需求和期望，因为这些需求和期望已被纳入法律、法规、规章、政府或甚至法庭判决的许可和授权中。组织可决定是否自愿接受或采纳相关方的其他需求和期望（例如：纳入合同关系或签署自愿性协议）。一旦组织采纳，这些需求和期望则成为组织的要求，即成为合规义务，并在策划环境管理体系（见 4.4）时必须予以考虑。对组织合规义务更详细的分析见 6.1.3。

4.3   确定环境管理体系的范围

组织应确定环境管理体系的边界和适用性，以确定其范围。

确定范围时组织应考虑：

a）4.1 所提及的内、外部问题；

b）4.2 所提及的合规义务；

---

c）其组织单元、职能和物理边界；

d）其活动、产品和服务；

e）其实施控制与施加影响的权限和能力。

范围一经界定，该范围内组织的所有活动、产品和服务均需纳入环境管理体系。

范围应作为文件化信息予以保持，并可为相关方所获取。

理 解 要 点

1. 与2004版条款4.1第二段内容相比，本条款细化了范围确定时考虑五方面的因素，均要求文件化信息，并增加了"可为相关方所获取"。

2. 环境管理体系的范围旨在明确环境管理体系所适用的物理和组织边界，尤其是如果组织属于某大型组织的一部分时，组织可自主灵活地界定其边界。可选择在整个组织内实施本标准，或只在组织的特定部分实施，前提是该部分的最高管理者有权限建立环境管理体系。确定范围时，环境管理体系的可信性取决于组织边界的选取。组织应运用生命周期观点考虑其对活动、产品和服务能够实施控制或施加影响的程度。范围的确定不应用来排除具有或可能具有重要环境因素的活动、产品、服务或设施，或规避其合规义务。范围是对在其环境管理体系边界内组织运行的、真实的并具代表性的阐述，且不应当对相关方造成误导。一旦组织宣称符合本标准，则要求组织对范围的声明可为相关方获取。

4.4　环境管理体系

为实现组织的预期结果，包括提升其环境绩效，组织应根据本标准的要求建立、实施、保持并持续改进环境管理体系，包括所需的过程及其相互作用。

组织建立并保持环境管理体系时，应考虑在4.1和4.2中获得的知识。

理 解 要 点

1. 与2004版中4.1第一段相比，本条款增加了组织建立体系应考虑并理解内外部环境、有关相关方的需求，明确了建立环境管理体系的目的是实现预期结果，强调了建立体系后环境绩效应不断提升。

2. 组织有权力和责任决定如何满足本标准要求，包括以下事项的详略程度：

（1）建立一个或多个过程，以确信它（们）按策划得以控制和实施，并实现期望的结果；

（2）将环境管理体系要求融入其各项业务过程中，例如：设计和开发、采购、人力资源、营销和市场等；

（3）将与组织所处的环境（见4.1）和相关方要求（见4.2）有关的问题纳入其环境管理体系。

若本标准针对组织内一个或多个特定部分实施，则可采用组织其他部分制定的方针、过程和文件化信息来满足本标准的要求，只要它们适用于那个（些）特定部分。关于将保持环境管理体系作为变更管理的一部分的信息，见本标准A.1。

第五节   领导作用

5.1   领导作用与承诺

最高管理者应通过下述方面证实其在环境管理体系方面的领导作用和承诺：

a) 对环境管理体系的有效性负责；

b) 确保建立环境方针和环境目标，并确保其与组织的战略方向及所处的环境相一致；

c) 确保将环境管理体系要求融入组织的业务过程；

d) 确保可获得环境管理体系所需的资源；

e) 就有效环境管理的重要性和符合环境管理体系要求的重要性进行沟通；

f) 确保环境管理体系实现其预期结果；

g) 指导并支持员工对环境管理体系的有效性做出贡献；

h) 促进持续改进；

i) 支持其他相关管理人员在其职责范围内证实其领导作用。

注：本标准所提及的"业务"可广义地理解为涉及组织存在目的的那些核心活动。

理 解 要 点

1. 与 2004 版 4.4.1 第一段相比，本条款明确了最高管理者对环境管理体系全过程的支持，对体系有效性负责、制定方针和目标、整合到业务的环境管理中、提供资源、传达管理要求和体系要求的重要性、实现预期结果、指导支持员工做贡献、支持下级领导者作用、促进持续。2016 版标准取消了管理者代表这个角色，让最高管理者直接管理环境体系，这也符合国家环保法规的要求，保证了体系能有效实施。

2. 为了证明领导作用和承诺，最高管理者负有环境管理体系有关的特定职责，应当亲自参与或进行指导。最高管理者可向他人委派这些行动的职责，但有责任确保这些行动得到实施。

5.2   环境方针

最高管理者应在界定的环境管理体系范围内建立、实施并保持环境方针，环境方针应：

a) 适合于组织的宗旨和所处的环境，包括其活动、产品和服务的性质、规模和环境影响；

b) 为制定环境目标提供框架；

c) 包括保护环境的承诺，其中包含污染预防及其他与组织所处环境有关的特定承诺；

注：保护环境的其他特定承诺可包括资源的可持续利用、减缓和适应气候变化、保护生物多样性和生态系统。

d) 包括履行其合规义务的承诺；

e) 包括持续改进环境管理体系以提升环境绩效的承诺。

环境方针应：

——以文件化信息的形式予以保持；

——在组织内得到沟通；

——可为相关方获取。

理 解 要 点

1. 与 2004 版 4.2 相比，二者均提出了方针内容和管理要求，但 2016 版标准强调了方针的实施和保持，方针增加了以下内容：对环境保护的承诺、其他与组织所处环境有关的特定承诺和环境管理体系持续改进的承诺。

2. 环境方针是声明承诺的一系列原则，最高管理者在这些承诺中概述了组织支持并提升其环境绩效的意图。环境方针使组织能够制定其环境目标（见 6.2），采取措施实现环境管理体系的预期结果，并实现持续改进（见 10）。

本标准规定了环境方针的三项基本承诺：

a）保护环境；

b）履行组织的合规义务；

c）持续改进环境管理体系以提升环境绩效。

这些承诺体现在组织为满足本标准特定要求所建立的过程中，以确保一个坚实、可信和可靠的环境管理体系。

保护环境的承诺不仅是通过污染预防防止有害的环境影响，还要保护自然环境免遭因组织的活动、产品和服务而导致的危害与退化。组织追求的特定承诺应当与其所处的环境，包括当地的或地区的环境状况相关。这些承诺可能提及水质量、再循环或空气质量的问题，并可能包括与减缓和适应气候变化、保护生物多样性与生态系统，以及环境修复相关的承诺。

所有承诺均很重要，某些相关方特别关注组织履行其合规义务的承诺，尤其是满足适用法律法规要求的承诺。本标准规定了一系列与该承诺相关的相互关联的要求，包括下列需求：

——确定合规义务；

——确保按照这些合规义务实施运行；

——评价合规义务的履行情况；

——纠正不符合。

环境方针的示例如下：

（1）提高自然资源如水和化石燃料的使用效率。例如减少用于生产的自然资源的消耗，或再利用、再循环。

（2）生物多样性、栖息地和生态系统的保护，通过直接现场保护，或间接保护，比如通过采购决策，如购买经验证的可持续来源的材料。

（3）通过避免或减少温室气体的排放，或采用碳中和政策可以减少其对气候变化的贡献来减缓气候变化。

（4）通过避免、替代或减少来改善空气和水质的质量。

污染预防的优先排序：

（1）源的削减或消除（包括环境上合理的设计和开发，材料替代，过程、产品或技术的变更和有效使用，以及能源和材料的节约）；

（2）材料在过程或设施设备运行中的再利用或再循环；

（3）外部再利用或再循环；

（4）回收和处理（为了减少其环境影响，从现场内、外的废物流中进行回收，对现场内、外废物的排放进行处理）；

（5）控制机制，例如在经过许可的条件下进行焚烧或有控制的处置。

5.3 组织的角色、职责和权限

最高管理者应确保在组织内部分配并沟通相关角色的职责和权限。

最高管理者应对下列事项分配职责和权限：

a) 确保环境管理体系符合本标准的要求；

b) 向最高管理者报告环境管理体系的绩效，包括环境绩效。

理 解 要 点

1. 与2004版中条款4.4.1第二、三段相比，本条款去掉了管理者代表这一角色，将其职责直接落实到各部门，包括确保环境管理体系符合标准要求和向最高管理者报告绩效。

2. 参与组织环境管理体系的人员应当对其在遵守本标准要求和实现预期结果方面的岗位、职责和权限有清晰的理解。

3. 识别的特定岗位和职责可分派给某一个人，有时被称为"管理者代表"，也可由几个人分担，或分派给最高管理层的某成员。

4. 环境管理职责与角色示例见表2-2。

表2-2 环境管理职责与角色示例

环境职责实例	典型责任人
确定总体方向（预期结果）	总裁、首席执行官、董事会
制定环境方针	总裁、首席执行官、其他适当人员
制定环境目标和过程	有关管理者、其他适当人员
考虑设计过程中的环境因素	产品和服务设计人员、设计师和工程师
监督总体环境管理体系绩效	环境主管人员
确保合规性义务	所有管理者
促进持续改进	所有管理者
确定顾客期望	营销人员
确定供方及采购要求	采购人员
建立和保持结算过程	财会主管人员
符合环境管理体系要求	在组织控制下工作的所有人员
环境管理体系运行的评审	最高管理者

第六节　策 划

6.1 应对风险和机遇的措施

6.1.1 总则

组织应建立、实施并保持满足6.1.1~6.1.4的要求所需的过程。

策划环境管理体系时，组织应考虑：

a) 4.1所提及的问题；

b) 4.2 所提及的要求;

c) 其环境管理体系的范围。

并且,应确定与环境因素(见 6.1.2)、合规义务(见 6.1.3)、4.1 和 4.2 中识别的其他问题和要求相关的需要应对的风险和机遇,以:

——确保环境管理体系能够实现其预期结果;

——预防或减少不期望的影响,包括外部环境状况对组织的潜在影响;

——实现持续改进。

组织应确定其环境管理体系范围内的潜在紧急情况,包括那些可能具有环境影响的潜在紧急情况。

组织应保持以下内容的文件化信息:

——需要应对的风险和机遇;

——6.1.1~6.1.4 中所需的过程,其详尽程度应使人确信这些过程能按策划得到实施。

理 解 要 点

1. 本条款是 2016 版标准增内容。

ISO/TC 207/SC 1/WG 5 认为:

——"风险和机遇"比环境风险(即与空气、水、土地、自然资源等有关的)的范畴更广,可来自于导致风险的其他非环境事项;

——"风险和机遇"并非都与 EMS 有关,除非它们能够影响组织的宗旨和 EMS 的预期输出。

2. 组织应确定并应对与组织所处环境有关的风险和机遇,即来自于 4.1 和 4.2 的"问题"。这些"问题"对环境管理体系的预期输出具有潜在的不利影响(风险)或有益影响(机遇),并将这些知识作为确定风险(威胁)和机遇优先项的输入之一。

在本标准中并未有规定性的风险管理过程的要求。本标准的附录 A.6.1 提供了关于风险和机遇的附加指南。

3. 条款 6.1.1 建立过程的总体目的在于确保组织能够实现其环境管理体系的预期结果,预防或减少非预期影响以实现持续改进。组织可通过确定其需要应对的风险和机遇、策划措施进行处理来确保实现。这些风险和机遇可能与环境因素、合规义务,其他问题,或其他相关方的需求和期望有关。

环境因素(见 6.1.2)可能产生与有害环境影响、有益环境影响和其他对组织的影响有关的风险和机遇。可将确定与环境因素有关的风险和机遇作为重要性评价的一部分,也可单独确定。

合规义务(见 6.1.3)可能产生风险和机遇,例如:未履行合规义务可损害组织的声誉或导致诉讼;或更多地履行合规义务,能够提升组织的声誉。

组织也可能存在与其他问题有关的风险和机遇,包括环境状况,或相关方的需求和期望,这些都可能影响组织实现其环境管理体系预期结果的能力。例如:

a) 由于员工文化或语言的障碍,未能理解当地的工作程序而导致的环境泄漏;

b) 因气候变化而导致的可影响组织的建筑物或场地的洪涝的增强;

c) 由于经济约束导致缺乏可获得的资源来保持一个有效的环境管理体系;

d) 通过政府财政资助引进新技术,可能改善空气质量;

e) 旱季缺水可能影响组织排放控制设备的运行能力。

紧急情况是非预期的或突发的事件，需要紧急采取特殊应对能力、资源或过程加以预防或减轻其实际或潜在的后果。紧急情况可能导致有害环境影响或对组织造成其他影响。组织在确定潜在的紧急情况（例如：火灾、化学品溢出、恶劣天气）时，应当考虑以下内容：

—— 现场危险物品（例如：易燃液体、贮油箱、压缩气体）的性质；

—— 紧急情况最有可能的类型和规模；

—— 附近设施（例如：工厂、道路、铁路线）的潜在紧急情况。

尽管须确定和应对风险和机遇，但并不要求进行正式的风险管理或文件化的风险管理过程。组织可自行选择确定风险和机遇的方法。方法可涉及简单的定性过程或完整的定量评价，这取决于组织运行所处的环境。

识别风险和机遇（见 6.1.1～6.1.3）是措施的策划（见 6.1.4）并建立环境目标（见 6.2）的输入。

4. 应对风险和机遇的方法示例见表 2-3。

表 2-3　应对的风险和机遇的方法示例

输入示例	过程示例	输出示例
环境因素（6.1.2）		
• 环境因素及其影响 • 确定重要环境因素的准则	评价重要性应用准则	• 重要环境因素 • 有关重要环境因素导致的需应对的风险和机遇
合规义务（6.1.3）		
• 确定相关方的需求和期望中哪些会成为其合规义务 • 与相关方沟通，包括投诉、鼓励和认可 • 内外部合规性审核 • 评审监管的变化趋势	评估结果并确定是否应当应对的风险和机会	合规义务有关的风险和机遇
其他要求（6.1.3） 除法律法规之外组织已经选择遵守的其他要求		
• 管理评审结果 • 新的或变化的形势 • 新的信息 • 与相关方的信息交流	评估结果并确定是否应当应对的风险和机会	组织与其他要求相关的需应对的风险和机遇
备注：有可能出现这样的情况，对于来自在 4.1 和 4.2 中识别的其重要环境因素和其他事项和要求的评价结果，组织没有必须应对的风险和机遇。		

6.1.2　环境因素

组织应在所界定的环境管理体系范围内，确定其活动、产品和服务中能够控制和能够施加影响的环境因素及其相关的环境影响。此时应考虑生命周期观点。

确定环境因素时，组织必须考虑：

a) 变更，包括已纳入计划的或新的开发，以及新的或修改的活动、产品和服务；

b) 异常状况和可合理预见的紧急情况。

组织应运用所建立的准则，确定那些具有或可能具有重大环境影响的环境因素，即重要环境因素。

适当时，组织应在其各层次和职能间沟通其重要环境因素。

组织应保持以下内容的文件化信息：

——环境因素及相关环境影响；

——用于确定其重要环境因素的准则；

——重要环境因素。

注：重要环境因素可能导致与不利环境影响（威胁）或有益环境影响（机会）有关的风险和机遇。

理 解 要 点

1. 与 2004 版中条款 4.3.1 相比，提出环境因素应从全生命周期进行辨识，强调了重要环境因素沟通的要求，明确了应保持的文件化信息的要求，及重要环境因素可能带来的风险和机遇。

2. 确定环境因素时，组织要考虑生命周期观点，但并不要求进行详细的生命周期评价，只需认真考虑可被组织控制或影响的生命周期阶段就足够了。产品或服务的典型生命周期阶段包括原材料获取、设计、生产、运输和（或）交付、使用、寿命结束后处理和最终处置。例如：

——其设施、过程、产品和服务的设计和开发；

——原材料的获取，包括开采；

——运行或制造过程，包括仓储；

——设施、组织资产和基础设施的运行和维护；

——外部供方的环境绩效和实践；

——产品运输和服务交付，包括包装；

——产品存储、使用和寿命结束后处理；

——废物管理，包括再利用、翻新、再循环和处置。

适用的生命周期阶段将根据活动、产品和服务的不同而不同。

3. 组织必须确定其环境管理体系范围内的环境因素，必须考虑与其现在的及过去的活动、产品和服务，计划的或新的开发，新的或修改的的活动、产品和服务相关的预期的和非预期的输入和输出。运用的方法应当考虑正常的和异常的运行状况、关闭与启动状态，以及 6.1 中识别的可合理预见的紧急情况。组织应当注意之前曾发生过的紧急情况。

4. 确定其环境因素时，组织可能考虑下列事项：

a）向大气的排放；

b）向水体的排放；

c）向土地的排放；

d）原材料和自然资源的使用；

e）能源使用；

f）能量释放，例如：热能、辐射、振动（噪音）和光能；

g）废物和（或）副产品的产生；

h）空间的使用。

除组织能够直接控制的环境因素外，组织还应确定是否存在其能够施加影响的环境因素。这些环境因素可能与组织使用的由其他方提供的产品和服务有关，也可能与组织向外部提供的产品和服务有关，包括外包过程相关的产品和服务。对于组织向其他方提供的产品和服务，组织可能仅对产品和服务的使用与寿命结束后处理具有有限的影响。但任何情况下均由组织确定其能够实施控制的程度，其能够施加影响的环境因素，以及其选择施加这种影响的程度。

5. 确定重要环境因素的方法不是唯一的，但所使用的方法与准则应当提供一致的结果。组织应设立确定其重要环境因素的准则，环境准则是评价环境因素首要的和最低的准则。可能与环境因素有关的准则包括：类型、规模、频次等。可能与环境影响有关的准则包括：规模、严重程度、持续时间、暴露时间等。组织也可运用其他准则。当仅考虑某项环境准则时，一项环境因素可能不是重要环境因素，但当考虑了其他准则时，它或许可能达到或超过确定重要性的门槛值。这些其他准则可能包括组织的问题，例如：法律要求或相关方的关注。这些其他准则的运用不应使重要因素基于其环境影响而降级。

6. 某项重要环境因素可能导致一种或多种重大环境影响，因此可能导致需要处理的风险和机遇，以确保组织能够实现其环境管理体系的预期结果。

7. 考虑生命周期观点的示例如下：

——产品和服务的生命周期的阶段；

——生命周期各阶段的控制程度，如产品设计师可能负责原材料选择，而制造组织可能只负责原材料的消耗和最小化过程浪费，用户可能只负责使用和处置；

——跨越生命周期所处阶段的影响程度，如设计师可能只能影响制造商的生产方法，制造商也影响设计、产品使用方法或是处置的方法；

——产品的寿命；

——对供应链的影响；

——供应链的长度；

——产品技术的复杂程度。

6.1.3　合规义务

组织应：

a）确定并获取与其环境因素有关的合规义务；

b）确定如何将这些合规义务应用于组织；

c）在建立、实施、保持和持续改进其环境管理体系时必须考虑这些合规义务。

组织应保持其合规义务的文件化信息。

注：合规义务可能会给组织带来风险和机遇。

理解要点

1. 与2004版4.3.2相比，本条款内容变化不大，但强调了合规义务，而不是原来要求的仅识别出来即可。

2. 组织需详细确定其在4.2中识别的适用于其环境因素的合规义务，并确定这些合规义务如何适用于组织。合规义务包括组织须遵守的法律法规要求，及组织须遵守的或选择遵守的其他要求。

适用时与组织环境因素相关的强制性法律法规要求可能包括：

a）政府机构或其他相关权力机构的要求；

b）国际的、国家的和地方的法律法规；

c）许可、执照或其他形式授权中规定的要求；

d）监管机构颁布的法令、条例或指南；

e）法院或行政的裁决。

合规义务也包括组织须采纳或选择采纳的，与其环境管理体系有关的其他相关方的要求。适用时，这些要求可能包括：

——与社会团体或非政府组织达成的协议；

——与公共机关或客户达成的协议；

——组织的要求；

——自愿性原则或业务守则；

——自愿性环境标志或环境承诺；

——组织签订的合同约定的义务；

——相关的组织标准或行业标准。

6.1.4　措施的策划

组织应策划：

a）采取措施管理其：

1）重要环境因素；

2）合规义务；

3）6.1.1 所识别的风险和机遇。

b）如何：

1）在其环境管理体系过程（见 6.2、第 7 章、第 8 章 和 9.1）中或其他业务过程中融入并实施这些措施；

2）评价这些措施的有效性（见 9.1）。

当策划这些措施时，组织应考虑其可选技术方案、财务、运行和经营要求。

🉑 🈹 🈵 🉐

1. 本条款是 2016 版标准新增加的内容。

2. 本条款是上述 6.1.1～6.1.3 的输出，即组织需在高层策划应采取的措施，以管理其重要环境因素、合规义务，以及 6.1.1 识别的、组织优先考虑的风险和机遇，以实现其环境管理体系的预期结果。

3. 策划的措施可包括建立环境目标（见 6.2），或以单独或结合的方式融入环境管理体系的其他过程。也可通过其他管理体系提出一些措施，例如：通过那些与职业健康安全或业务连续性有关的管理体系；或通过与风险、财务或人力资源管理相关的其他业务过程提出一些措施。当考虑其技术选项时，组织应当考虑在经济可行、成本效益高和适用的前提下，采用最佳可行技术，但这并不意味着组织必须使用环境成本核算的方法学。

4. 策划措施时应考虑的因素示例见表 2-4。

表 2-4 策划措施对应考虑的因素示例

活动、产品、服务	环境因素	实际的和潜在的影响	风险和机遇	策划措施
活动：矿物燃料锅炉运行				
锅炉运行	消耗燃油	消耗不可再生自然资源	风险： ——燃油无法供应； ——燃油成本增加机会； ——用太阳能代替锅炉热源； ——降低运营成本	财务部要求监控燃油价格，比较未来成本情况及进行成本效益分析制定关于利用太阳能代替锅炉热源的环境目标
	排放二氧化硫（SO₂）、氮氧化物（NOₓ）和碳氧化物（CO₂）（温室气体）	空气污染对当地居民呼吸的影响 酸雨对地表水的影响 全球变暖和气候变化	风险： ——不满足合规性义务的要求； ——可能的处罚； ——负面宣传机会； ——减少排放—安装烟气脱硫装置	实施运行控制，确保合规义务履行设置环境目标安装适当的治理设备
	排放热水	水质变化	机会： ——废水热回收利用； ——减少运营成本	设置环境目标安装热回收循环系统
锅炉燃料在地下贮罐中的储存	燃油渗入土地（紧急情况）	土壤污染；地下水污染	风险： ——清理费用； ——罚款； ——机会； ——用太阳能代替锅炉热源	制定应急预案处理储罐泄漏并进行清理响应；实施定期测试罐泄漏的运行控制；制定关于利用太阳能代替锅炉热源的环境目标
燃油的运输与传送	燃油意外流入污水排放系统（紧急情况）	地表水污染；有毒物质在植物中形成生物累积	风险： ——清理费用； ——罚款； ——负面宣传导致公司价值下降	制定输送流程；制定应急预案，处理意外排放并进行清理响应
服务：维修和保养服务				
化学品的处理和使用	火灾、爆炸情况下的意外释放（紧急情况）	空气污染；土壤污染；对人体的伤害	风险： ——清理费用； ——罚款； ——负面宣传	建立环境目标消除化学品的使用
空调维护	释放损害臭氧层物质（制冷剂）（异常情况）	臭氧层耗竭	风险： ——罚款； ——负面宣传	为确保改进维护服务进行重新招标

6.2　环境目标及其实现的策划

6.2.1　环境目标

组织应针对其相关职能和层次建立环境目标，此时必须考虑组织的重要环境因素及相关的合规义务，并考虑其风险和机遇。

环境目标应：

a) 与环境方针一致；

b) 可度量（如可行）；

c) 得到监视；

d) 予以沟通；

e) 适当时予以更新。

组织应保持环境目标的文件化信息。

理解要点

1. 与 2004 版 4.3.3 中的目标相比，本条款去掉了"指标"，在建立目标时增加考虑了风险的要求，从字面上减少了"可选的技术方案、运行和经营要求以及有关的相关方的观点"，但实际上在第 4 章组织的环境中已经进行了分析；强调了目标要得到监视、传达、适当予以更新的要求。

2. 最高管理者可从战略层面、战术层面或运行层面来制定环境目标。战略层面包括组织的最高层次，其目标能够适用于整个组织。战术和运行层面可能包括针对组织内具体单元或职能的环境目标，环境目标应当与组织的战略方向相一致。组织应当与在组织控制下工作的、具备影响实现环境目标能力的人员沟通环境目标。

3. "必须考虑重要环境因素"的要求并不意味着必须针对每项重要环境因素制定一个环境目标，而是制定环境目标时应优先考虑这些重要环境因素。

4. "与环境方针保持一致"指环境目标应与最高管理者在环境方针中做出的承诺保持完全的对应和协调，包括持续改进的承诺。

6.2.2　实现环境目标的措施的策划

策划如何实现环境目标时，组织应确定：

a) 要做什么；

b) 需要什么资源；

c) 由谁负责；

d) 何时完成；

e) 如何评价结果，包括用于监视实现其可度量的环境目标的进程所需的参数（见 9.1.1）。

组织应考虑如何能将实现环境目标的措施融入其业务过程。

理解要点

1. 本条款是 2016 版新增加的内容，去掉了 2004 版中 4.3.3 中用于实现目标指标的管理方案，不再强调具体的术语，只看结果——实现目标，可采取任何措施。

2. 选择参数来评价可测量的环境目标的实现情况。"可度量"指可能使用与规定尺度有关的定性的或定量的方法，以确定是否实现了环境目标。"如可行"表示某些情况下可能无法度量环境目标。但重要的是组织需能够确定环境目标是否得以实现。关于环境参数的附加信息见 GB/T 24031。

3. 环境绩效参数的示例如下：

——原材料或能源的消耗量；

——气体（如 CO_2）的排放量；

——单位产量成品所产生的废物；

——材料和能源的使用效率；

——意外环境事件（如超过上限值）的数量；

——环境事故（如非计划排放）的数量；

——循环使用的废物的百分比；

——再循环包装材料使用率；

——单位产量所需的运载里程数；

——特定污染物，如 NO_x、SO_2、CO、VOCs、Pb、CFCs 的排放数量；

——用于环境保护的投资；

——诉讼数量；

——为野生生物预留的栖息地面积；

——经过培训的环境因素识别人员的数量；

——用于低排放技术预算支出的百分比。

第七节　支持

7.1　资源

组织应确定并提供建立、实施、保持和持续改进环境管理体系所需的资源。

理解要点

1. 本条款与 2004 版条款 4.4.1 中对资源的要求相同。

2. 资源可能包括人力资源、自然资源、基础设施、技术和财务资源。例如：人力资源包括专业技能和知识，基础设施资源包括组织的建筑、设备、地下储罐和排水系统等。

3. 内部资源可由外部供方补充。

7.2　能力

组织应：

a）确定在其控制下工作，对其环境绩效和履行合规义务的能力具有影响的人员所需的能力；

b）基于适当的教育、培训或经历，确保这些人员是能胜任的；

c）确定与其环境因素和环境管理体系相关的培训需求；

d）适用时，采取措施以获得所必需的能力，并评价所采取措施的有效性。

注：适当的措施可能包括，例如：向现有员工提供培训、指导，或重新分配工作；或聘用、雇佣能胜任的人员。

组织应保留适当的文件化信息作为能力的证据。

🈲 解 要 点

1. 与 2004 版 4.4.2 中的能力相比，本条款将人员的能力明确为对组织环境绩效和履行合规义务有影响的能力。在"注"中列出了可采取的适当措施，以使相关人员获得所需的能力。

2. 能力是运用知识和技能实现预期结果的本领，本标准的能力要求适用于那些可能影响组织环境绩效的、在组织控制下工作的人员，包括：

（1）其工作可能造成重大环境影响的人员；

（2）被委派了环境管理体系职责的人员，包括：

a）确定并评价环境影响或合规义务；

b）为实现环境目标做出贡献；

c）对紧急情况做出响应；

d）实施内部审核；

e）实施合规性评价。

3. 能力需求的示例见表 2-5。

表 2-5　能力需求的示例

典型领域的能力	组织的典型责任人	能力需求示例	获得能力的方式
环境管理体系	环境主管人员	• 建立、实施、保持和改进环境管理体系的能力； • 确定需要应对的风险和机遇以确保环境管理体系可以实现预期结果的能力以及策划适当的应对措施的能力； • 分析和处置环境绩效和合规义务方面问题的能力	• 运行环境管理体系的经验； • 环境管理体系要求的培训
	内审方案管理人	• 制定和管理审核方案以确定环境管理体系运行有效性的能力	• 审核方案管理的培训； • 审核方案实施方面的经验
	最高管理者	• 建立和实施环境方针内涵方面的知识与理解； • 为环境管理体系提供和运用资源包括分配作用、职责和权限方面的知识与理解	• 环境管理体系包括建立环境方针方面的培训； • 业务管理的经验

7.3　意识

组织应确保在其控制下工作的人员意识到：

a）环境方针；

b）与他们的工作相关的重要环境因素和相关的实际或潜在的环境影响；

c）他们对环境管理体系有效性的贡献，包括对提升环境绩效的贡献；

d）不符合环境管理体系要求，包括未履行组织合规义务的后果。

🈲 解 要 点

1. 本条款与 2004 版 4.4.2 相比，本条款新增了"对环境管理体系有效性的贡献"、"未履行组织合规义务的后果"等内容。

2. 对环境方针的认知不应当理解为需要熟记承诺或在组织控制下工作的人员保存有文件化的环

境方针的文本，而是这些人员应当意识到环境方针的存在、目的及他们在实现承诺中所起的作用，包括他们的工作如何能影响组织履行其合规义务的能力。

3. 能力是要求，培训是手段，意识是基础。意识与社会的进步、素养的提升、企业的文化等有很大关系。

7.4 信息交流

7.4.1 总则

组织应建立、实施并保持与环境管理体系有关的内部与外部信息交流所需的过程，包括：

a）信息交流的内容；

b）信息交流的时机；

c）信息交流的对象；

d）信息交流的方式。

策划信息交流过程时，组织应：

——必须考虑其合规义务；

——确保所交流的环境信息与环境管理体系形成的信息一致且真实可信。

组织应对其环境管理体系相关的信息交流做出响应。

适当时，组织应保留文件化信息，作为其信息交流的证据。

理解要点

1. 与 2004 版 4.4.3 第一段内容相比，本条款明确了对沟通过程的要求，包括：交流的内容、时间、对象、方法。

2. 信息交流使组织能够提供并获得与其环境管理体系相关的信息，包括与其重要环境因素、环境绩效、合规义务和持续改进建议相关的信息。信息交流是一个双向的过程，包括在组织的内部和外部。当外部有投诉等问题时，需对上述问题有回应，并应保留形成文件的信息。

3. 信息交流的形式见图 2-4。

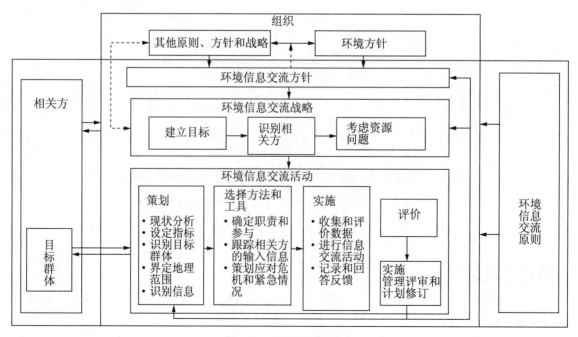

图 2-4 信息交流的形式

4. 信息交流的过程可以是：

——收集信息，或向相关方征求意见；

——确定交流对象以及其对信息或对话的需求；

——选择与交流对象相关的信息；

——决定与交流对象进行交流的信息；

——确定进行信息交流的适用方法；

——评价和定期检查信息交流过程的有效性。

5. 环境管理体系中至少应进行的信息交流有：

a) 最高管理者应就环境管理的重要性和符合环境管理体系要求的重要性进行有效的沟通（见5.1）。

b) 最高管理者应确保以下信息在组织内的沟通：

——环境方针（见5.2）；

——组织的角色的职责和权限（见5.3）。

c) 组织应该：

——在组织的各层次和职能间沟通其重要环境因素（见6.1.2）；

——沟通环境目标（见6.2.1）；

——与外部供方（包括合同方）沟通组织的相关环境要求（见8.1）；

——根据所确定的过程和合规义务就环境绩效与内外部相关方交流（见9.1.1）。

d) 确保将内审结果报告给相关管理者（见9.2.2）。

e) 将与外部相关方交流的信息纳入管理评审事项（见9.3）。

6. 沟通的主要方法/工具包括（不限于）：

a) 文件化信息传递；

b) 例会/专题会议/座谈；

c) 口头/书面报告；

d) 培训/技术交底；

e) 网络信息平台；

f) 警示标志/统一的辨识标志；

g) 通知/通报/内部刊物/声像/电子媒体。

7.4.2 内部信息交流

组织应：

a) 在其各职能和层次间就环境管理体系的相关信息进行内部信息交流，适当时，包括交流环境管理体系的变更；

b) 确保其信息交流过程使在其控制下工作的人员能够为持续改进做出贡献。

理解要点

1. 与2004版中4.4.3 a)相比，本条款增加了以下要求："适当时，包括交流环境管理体系的变更"，"确保其信息交流过程使在其控制下工作的人员能够为持续改进做出贡献"。

2. 组织在建立其信息交流过程时，应当考虑内部组织结构，以确保与最适当的职能和层次进行信息交流。采用一种方式可能足以满足多个不同相关方的需求，而对于个别相关方提出的特殊需求，可能需要多种信息交流方式。

> **7.4.3　外部信息交流**
>
> 　　组织应按其合规义务的要求及其建立的信息交流过程，就环境管理体系的相关信息进行外部信息交流。

🔲 **理 解 要 点**

　　1. 与 2004 版 4.4.3 b) 相比，本条款增加了按照建立的信息交流过程和合规义务的要求，进行外部信息交流的要求。

　　2. 进行外部信息交流可采用年度报告、通讯简报、网站和社区会议等，例如：《中华人民共和国环境保护法》要求公开污染物情况；编制环境影响评价评价报告时向公众说明情况；《中华人民共和国噪声污染防治法》要求施工企业夜间施工向政府主管部门报告附近居民。

> **7.5　文件化信息**
>
> **7.5.1　总则**
>
> 　　组织的环境管理体系应包括：
>
> 　　a) 本标准要求的文件化信息；
>
> 　　b) 组织确定的实现环境管理体系有效性所必需的文件化信息。
>
> 　　注：不同组织的环境管理体系文件化信息的复杂程度可能不同，取决于：
>
> 　　——组织的规模及其活动、过程、产品和服务的类型；
>
> 　　——证明履行其合规义务的需要；
>
> 　　——过程的复杂性及其相互作用；
>
> 　　——在组织控制下工作的人员的能力。

🔲 **理 解 要 点**

　　1. 与 2004 版中 4.4.4 相比，本条款的标题由"文件"改为"文件化信息"，形式更灵活，不再强调文件的层级。对于决定文件化信息的复杂程度的因素，增加了"证明履行其合规义务的需要"和"在组织控制下工作"的因素。

　　2. 组织在创建并保持充分的文件化信息时，首要关注点应当放在环境管理体系的实施和环境绩效，而非复杂的文件化信息控制系统，以确保实施适宜、充分和有效的环境管理体系。

> **7.5.2　创建与更新**
>
> 　　创建和更新文件化信息时，组织应确保适当的：
>
> 　　a) 标识和说明（例如：标题、日期、作者或参考文件编号）；
>
> 　　b) 形式（例如：语言文字、软件版本、图表）和载体（例如：纸质的、电子的）；
>
> 　　c) 评审和批准，以确保适宜性和充分性。

🔲 **理 解 要 点**

　　1. 本条款为 2016 版新增加内容。

　　2. 除了本标准特定条款所要求的文件化信息外，组织可针对透明性、责任、连续性、一致性、培训，或易于审核等目的，选择创建附加的文件化信息。可使用最初并非以环境管理体系的目的而创建的文件化信息。环境管理体系的文件化信息可与组织实施的其他管理体系信息相整合。文件化信息不一定以手册的形式呈现。但若组织习惯使用手册，也不必非要硬性去掉，审核员也不必为此开具不符合。

7.5.3 文件化信息的控制

环境管理体系及本标准要求的文件化信息应予以控制，以确保其：

a）在需要的时间和场所均可获得并适用；

b）得到充分的保护（例如：防止失密、不当使用或完整性受损）。

为了控制文件化信息，组织应进行以下适用的活动：

——分发、访问、检索和使用；

——存储和保护，包括保持易读性；

——变更的控制（例如：版本控制）；

——保留和处置。

组织应识别其确定的环境管理体系策划和运行所需的来自外部的文件化信息，适当时，应对其予以控制。

注："访问"可能指仅允许查阅文件化信息的决定，或可能指允许并授权查阅和更改文件化信息的决定。

🄡 🄔 🄨 🄟

与 2004 版 4.4.5 相比，本条款内容变化不大，仅增加了对访问文件化信息的控制的要求。

第八节 运行

8.1 运行策划和控制

组织应建立、实施、控制并保持满足环境管理体系要求以及实施 6.1 和 6.2 所识别的措施所需的过程，通过：

——建立过程的运行准则；

——按照运行准则实施过程控制。

注：控制可包括工程控制和程序。控制可按层级（例如：消除、替代、管理）实施，并可单独使用或结合使用。

组织应对计划内的变更进行控制，并对非预期变更的后果予以评审，必要时，应采取措施降低任何不利影响。

组织应确保对外包过程实施控制或施加影响，应在环境管理体系内规定对这些过程实施控制或施加影响的类型与程度。

从生命周期观点出发，组织应：

a）适当时，制定控制措施，确保在产品或服务的设计和开发过程中，落实其环境要求，此时应考虑生命周期的每一阶段；

b）适当时，确定产品和服务采购的环境要求；

c）与外部供方（包括合同方）沟通组织的相关环境要求；

　　d）考虑提供与其产品或服务的运输或交付、使用、寿命结束后处理和最终处置相关的潜在重大环境影响的信息的需求。

　　组织应保持必要程度的文件化信息，以确信过程已按策划得到实施。

理 解 要 点

1. 与 2004 版 4.4.5 相比，本条款变化如下：

（1）明确了产品和服务的生命周期的环境控制要求；

（2）强调了组织需要控制或影响外部供方（包括合同方）提供的产品和服务过程，应同外部供方（包括合同方）沟通其相关环境要求。

2. 运行控制的类型和程度取决于运行的性质、风险和机遇、重要环境因素及合规义务。组织可灵活选择确保过程有效和实现预期结果所需的运行控制方法的类型，可以是单一或组合方式。此类方法可能包括：

　　a）设计一个或多个防止错误并确保一致性结果的过程；

　　b）运用技术来控制一个或多个过程并预防负面结果（即工程控制）；

　　c）启用能胜任的人员，确保获得预期结果；

　　d）按规定的方式实施一个或多个过程；

　　e）监视或测量一个或多个过程，以检查结果；

　　f）确定所需使用的文件化信息及其数量。

3. 有关外包过程的要求是新增的。外包过程是满足下述所有条件的一个过程：

　　——在环境管理体系的范围之内；

　　——对于组织的运行是必需的；

　　——对环境管理体系实现其预期结果是必需的；

　　——组织具有符合要求的责任；

　　——组织与外部供方存在一定关系。此时，相关方视同为是组织在实施该过程。

综合起来看，标准中有关外包过程的定义和指南有助于使用者识别外包过程。

关于"应在环境管理体系内规定对这些过程实施控制或施加影响的类型与程度"的要求，本标准 A.8.1 对如何确定控制或影响的程度提供了指南，同时描述了组织在实施控制或施加影响方面可能存在的局限性。

组织应在其自身业务过程（例如：采购过程）中对外包过程进行控制或施加影响。组织对控制外包过程的程度所做出的相关决定应基于所能获得的知识、能力和资源等因素，包括：

　　——外部供方满足组织环境管理体系要求的能力；

　　——组织确定适宜控制程度或评价控制过程充分性的技术能力；

　　——关于组织实现其环境管理体系预期结果的能力，产品和服务所具有的重要性和带来的潜在影响；

　　——共享控制过程的程度；

　　——通过常规采购过程，实现必要控制的能力；

　　——可获得的改进机会。

当组织将一个过程外包时，组织实施控制或施加影响的能力可能出现由直接控制转向有限控制或无法施加影响的变化。一种情况下，在组织现场的外包过程可能受到直接控制；另一种情况下，组织影响外包过程的能力可能存在局限性。

4. "环境要求"是由组织建立的、并与其相关方（例如：采购、顾客、外部供方等内部职能）进行沟通的、与环境有关的组织的需求和期望。

5. 组织的某些重大环境影响可能发生在产品或服务的运输、交付、使用、寿命结束后处理或最终处置阶段。通过提供信息，组织可能预防或减轻产品和服务在上述生命周期阶段的有害环境影响。

6. 实施运行控制的顺序为：

——消除，如禁用 PCB$_s$、CFC$_s$ 等；

——替代，如水性涂料替代溶剂性涂料；

——工程控制，如排放控制、治理技术等；

——管理控制，如工程、视觉控制、工作指令、MSDS 等。

7. 运行控制的途径包括：

——选择控制；

——选择可接受的运行准则，例如设备和测量仪器的运行特性如重量、温度等；

——根据需要建立过程，确定如何制定行动计划，予以实施和控制；

——根据需要记录这些过程，如指令、标志、表格、视频、照片等；

——应用技术手段，如自动化系统、材料、设备和软件等。

8.2　应急准备和响应

组织应建立、实施并保持对 6.1.1 中识别的潜在紧急情况进行应急准备并做出响应所需的过程。

组织应：

a）通过策划的措施做好响应紧急情况的准备，以预防或减轻它所带来的不利环境影响；

b）对实际发生的紧急情况做出响应；

c）根据紧急情况和潜在环境影响的程度，采取相适应的措施以预防或减轻紧急情况带来的后果；

d）可行时，定期试验所策划的响应措施；

e）定期评审并修订过程和策划的响应措施，特别是发生紧急情况后或进行试验后；

f）适当时，向有关的相关方，包括在组织控制下工作的人员提供与应急准备和响应相关的信息和培训。

组织应保持必要程度的文件化信息，以确信过程能按策划得到实施。

理 解 要 点

1. 与 2004 版 4.4.5 相比，本条款新增了"适当时，向有关的相关方，包括在组织控制下工作的人员提供应急准备和响应相关的信息和培训"的内容。

2. 实施本条款需重点关注：

在审核应急准备和响应过程时，审核员需重点关注：

a）组织的应急预案是否是最有效的应急处理方法；

b）内部和外部信息交流过程的有效性；

c）应急预案是否制定了预防或减轻环境影响所需的措施；

d）是否明确疏散路线和集合地点，集合地点是否适宜；

e）应急响应人员的培训和演练结果是否有效；

f）是否收集了关键人员和救助机构名录，包括详细的联系方式；

g）组织是否考虑到从邻近组织获得相互援助的可能性并组织配合演练。

3．建立应急响应措施时应考虑的因素如下：

——实际和潜在的外部环境状况，包括自然灾害；

——现场危险的类型，如存在易燃液体，贮罐、压缩气体等，以及发生溅洒或意外泄漏时的应对措施；

——对紧急情况或事故类型和规模的预测；

——设备和资源的需求；

——周边设施（如工厂、道路、铁路等）可能发生的紧急情况；

——处理紧急情况的最适当方法；

——将环境损害降到最低的措施；

——应急组织及职责；

——疏散路线和集合地点；

——关键人员和救援机构（如消防、泄漏清理等部门）名单，包括详细联络信息；

——临近单位相互支援的可能性；

——内、外部信息交流的过程；

——针对不同类型的紧急情况的补救和响应措施；

——紧急情况发生后评价、制定和实施纠正和预防措施的需要；

——定期试验应急响应程序；

——危险材料说明，包括每种材料对环境的潜在影响，以及一旦发生泄漏事故时所应采取的措施；

——包括应急响应人员在内的培训或能力要求及有效性试验。

第九节　绩效评价

9.1　监视、测量、分析和评价

9.1.1　总则

组织应监视、测量、分析和评价其环境绩效。

组织应确定：

a）需要监视和测量的内容；

b）适用时的监视、测量、分析与评价的方法，以确保有效的结果；

c）组织评价其环境绩效所依据的准则和适当的参数；

d）何时应实施监视和测量；

e）何时应分析和评价监视和测量的结果。

适当时，组织应确保使用和维护经校准或经验证的监视和测量设备。

组织应评价其环境绩效和环境管理体系的有效性。组织应按其合规义务的要求及其建立的信息交流过程，就有关环境绩效的信息进行内部和外部信息交流。

组织应保留适当的文件化信息，作为监视、测量、分析和评价结果的证据。

理 解 要 点

1. 与 2004 版 4.4.5 相比变化，本条款新增了"组织应评价其环境绩效和环境管理体系的有效性"的内容。

2. 实施本条款应重点关注：当确定应当监视和测量的内容时，除了环境目标的进展外，组织应当考虑其重要环境因素、合规义务和运行控制。

组织应当在其环境管理体系中规定进行监视、测量、分析和评价所使用的方法，以确保：

a）监视和测量、分析评价的时机与分析和评价结果的需求相协调；

b）监视和测量的结果是可靠的、可重现的，并使组织能够报告趋势，以便及时发现改进机会。

3. 环境绩效评价的数据和信息的使用见图 2-5。

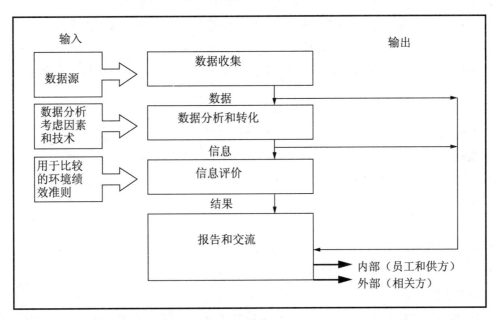

图 2-5　数据和信息使用结构示意图

4. 相关活动示例：

——对实现方针的承诺、实现目标和持续改进的进展进行跟踪；

——重要环境因素信息的确定；

——对排放进行监测以确定遵守合规义务；

——对水、能源或原材料消耗进行监测以确定实现目标；

——为支持或评价运行控制提供数据；

——为评价组织的环境绩效提供数据；

——为评价环境管理体系的有效性提供数据。

9.1.2 合规性评价

组织应建立、实施并保持评价其合规义务履行情况所需的过程。

组织应：

a）确定实施合规性评价的频次；

b）评价合规性，需要时采取措施；

c）保持其合规状况的知识和对其合规状况的理解。

组织应保留文件化信息，作为合规性评价结果的证据。

理解要点

1. 与2004版4.4.5相比变化为：本条款以"合规义务"代替了2004版中"符合法律法规要求和其他要求"的说法，但内涵无变化。

本条款强调了明确合规性评价的频次，并要求在必要时针对评价结果采取措施。

2. 实施本条款需重点关注：

由于法律环境、运行控制能力、绩效结果是不断变化的，组织对合规状态的认知和理解也是不尽相同的，因此评价的频次和时机需要结合实际情况确定且应定期进行评价。

如果合规性评价结果表明未遵守合规义务，如与监管部门签订的法律法规和其他要求的协议未能达标履行，组织则需要确定并采取必要措施以实现合规义务。

需要说明的是，与合规性相关的不符合，即使尚未导致实际的不符合法律法规要求，也需要予以纠正。

9.2 内部审核

9.2.1 总则

组织应按计划的时间间隔实施内部审核，以提供下列关于环境管理体系的信息：

a）是否符合：

1）组织自身环境管理体系的要求；

2）本标准的要求。

b）是否得到了有效的实施和保持。

9.2.2 内部审核方案

组织应建立、实施并保持一个或多个内部审核方案，包括实施审核的频次、方法、职责、策划要求和内部审核报告。

建立内部审核方案时，组织必须考虑相关过程的环境重要性、影响组织的变化以及以往审核的结果。

组织应：

a）规定每次审核的准则和范围；

b）选择审核员并实施审核，确保审核过程的客观性与公正性；

c）确保向相关管理者报告审核结果。

组织应保留文件化信息，作为审核方案实施和审核结果的证据。

理解要点

1. 与 2004 版 4.4.5 相比，内涵无变化。

2. 实施本条款需重点关注：

只要可行，审核员均应当独立于被审核的活动，并应当在任何情况下均以不带偏见、不带利益冲突的方式进行审核。

对内部审核所识别的不符合应采取适当的纠正措施。

考虑以往的审核结果时，组织应当考虑以下内容：

a）以往识别的不符合及所采取措施的有效性；

b）内外部审核的结果。

关于制定内部审核方案、实施环境管理体系审核并评价审核人员能力的附加信息见 GB/T 19011。

9.3 管理评审

最高管理者应按计划的时间间隔对组织的环境管理体系进行评审，以确保其持续的适宜性、充分性和有效性。

管理评审应包括对下列事项的考虑：

a）以往管理评审所采取措施的状况；

b）以下方面的变化：

    1）与环境管理体系相关的内、外部问题；

    2）相关方的需求和期望，包括合规义务；

    3）其重要环境因素；

    4）风险和机遇；

c）环境目标的实现程度；

d）组织环境绩效方面的信息，包括以下方面的趋势：

    1）不符合和纠正措施；

    2）监视和测量的结果；

    3）其合规义务的履行情况；

    4）审核结果；

e）资源的充分性；

f）来自相关方的有关信息交流，包括抱怨；

g）持续改进的机会。

管理评审的输出应包括：

——对环境管理体系的持续适宜性、充分性和有效性的结论；

——与持续改进机会相关的决策；

——与环境管理体系变更的任何需求相关的决策，包括资源；

——如需要，环境目标未实现时采取的措施；

——如需要，改进环境管理体系与其他业务过程融合的机会；

——任何与组织战略方向相关的结论。

组织应保留文件化信息，作为管理评审结果的证据。

理解要点

1. 与2004版4.4.5相比，本条款新增了内外部问题、风险和机遇、相关方的需求和期望、组织的重要环境因素、资源的充分性等内容，明确了管理评审输出的主要关注点，增加了"任何与组织战略方向相关的结论"的内容。

2. 实施本条款需重点关注：

a）管理评审应当是高层次的，不必对详尽信息进行彻底评审。不需要同时处理所有管理评审主题。评审可在一段时期内开展，并可能成为定期安排的管理活动的一部分，例如：董事会议或运营会议。它不一定成为一项单独的活动。

b）最高管理者应当评审来自相关方的抱怨，以确定改进的机会。

c）管理评审"适宜性"是指环境管理体系如何适合于组织、其运行、文化及业务系统。"充分性"指组织的环境管理体系是否符合本标准要求并予以适当地实施。"有效性"指是否正在实现所预期的结果。

第十节 改进

10.1 总则

组织应确定改进的机会（见9.1、9.2和9.3），并实施必要的措施，以实现其环境管理体系的预期结果。

理解要点

1. 与2004版4.4.5相比变化，管理评审过程被纳入到PDCA循环中的C环节（绩效评价）中，但是管理原理未发生变化。

2. 实施本条款需重点关注：

组织采取措施改进时应当考虑环境绩效分析和评价、合规性评价、内部审核和管理评审的结果。

改进的示例包括纠正措施、持续改进、突破性变更、革新和重组。

10.2 不符合和纠正措施

发生不符合时，组织应：

a）对不符合做出响应，适用时：

    1）采取措施控制并纠正不符合；

    2）处理后果，包括减轻不利的环境影响；

b）通过以下活动评价消除不符合原因的措施需求，以防止不符合再次发生或在其他地方发生：

    1）评审不符合；

    2）确定不符合的原因；

    3）确定是否存在或是否可能发生类似的不符合；

c）实施任何所需的措施；

d) 评审所采取的任何纠正措施的有效性；

e) 必要时，对环境管理体系进行变更。

纠正措施应与所发生的不符合造成影响（包括环境影响）的重要程度相适应。

组织应保留文件化信息作为下列事项的证据：

——不符合的性质和所采取的任何后续措施；

——任何纠正措施的结果。

理解要点

环境管理体系的主要目的之一是作为预防性的工具，环境管理体系运行绩效，主要反映在预防措施的有效开展与否上。与 2004 版 4.4.5 相比变化，新版标准虽然没有再提及预防措施的概念，但在本版标准 "4.1 理解组织及其所处的环境" 和 "6.1 应对风险和机遇的措施" 中均有体现。

10.3　持续改进

组织应持续改进环境管理体系的适宜性、充分性与有效性，以提升环境绩效。

理解要点

1. 与 2004 版条款 4.4.5 相比，新版标准无变化。

2. 实施本条款需重点关注：支持持续改进的措施的等级、程度与时间表由组织确定。通过整体运用环境管理体系或改进其一个或多个要素，组织可能提升其环境绩效。

3. 改进的示例如下：

——建立一个过程，对新材料进行评价，以促进低毒材料的使用；

——改进识别适用的合规性义务的过程，以便更及时地确定新的合规性义务；

——改进关于材料和操作的员工培训，以减少废弃物的产生；

——添置废水处理设施，使废水得到再利用；

——将打印机的设置由 "默认" 状态改为双面打印以节约纸张；

——合理设计货物输送路线，以减少运输部门的燃料消耗；

——制定环境目标，在锅炉运行中进行燃料替代，以减少粉尘颗粒物的排放；

——在组织内建设环境改进的文化；

——发展与相关方的合作关系；

——组织的业务过程考虑可持续发展。

第三章
环境管理体系内部审核

第一节　内部审核概述

一、　与审核有关的主要术语①

1　审核

为获得客观证据并对其进行客观的评价，以确定满足审核准则的程度所进行的系统的、独立的并形成文件的过程。

注1：审核的基本要素包括由对被审核客体不承担责任的人员，按照程序对客体是否合格所做的确定。

注2：审核可以是内部（第一方）审核，或外部（第二方或第三方）审核，也可以是多体系审核或联合审核。

注3：内部审核，有时称为第一方审核，由组织自己或以组织的名义进行，用于管理评审和其他内部目的，可作为组织自我合格声明的基础。内部审核可以由与正在被审核的活动无责任关系的人员进行，以证实独立性。

注4：通常，外部审核包括第二方和第三方审核。第二方审核由组织的相关方，如顾客或由其他人员以相关方的名义进行。第三方审核由外部独立的审核组织进行，如提供合格认证/注册的组织或政府机构。

【释义】

（1）审核是一个过程，是用收集到的客观证据与事先制订好的审核准则进行比对、评价（满足程度）的过程，具有三个特性：系统的、独立的、形成文件的。

（2）注1对审核的基本要素做出了说明，是确保审核符合性和有效性的保障。

（3）注2从不同角度说明了审核的分类。

（4）注3和注4对一方、二方、三方审核做出了定义，其关键区别点是由谁实施审核。

2　审核方案

针对特定时间段所策划并具有特定目标的一组（一次或多次）审核（3.13.1）安排。

［源自：GB/T 19011—2013，3.13，修订］

【释义】

审核方案是一个比较大的活动安排，可能由一次或多次的审核来实现。

审核方案可以是一个三年周期的环境管理体系内审方案，如：第一年重点查体系建立是否有不符合要求的漏洞，第二年重点查体系的执行与审核准则的一致性等。

GB/T 19011第4章就是一个完整的审核方案的管理流程（参见图3-1）。

---

① 本部分术语引自 GB/T 19000—2016/ISO 9000：2015《质量管理体系　基础和术语》。

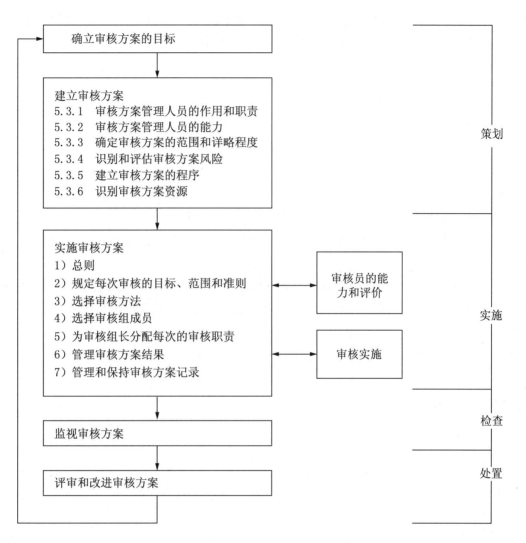

注1：图中表示了PDCA循环在本标准中的应用。
注2：图中章条号指的是本标准的相关条款。

图3-1 审核方案的管理流程

3 审核计划

对审核活动和安排的描述。

［源自：GB/T 19011—2013，3.15］

【释义】

（1）审核计划针对的是一次具体的审核。

（2）审核计划的内容是有关一次具体的审核的活动和安排的描述。

（3）审核计划的详细程度应反映每一次具体的审核的范围和复杂程度，并有充分的灵活性以便需要时进行修改。

（4）审核计划和审核方案是两个不同的概念，即使审核方案仅包括一次审核，也不能用审核计划代替审核方案，或用审核方案代替审核计划。它们的主要区别：

a）审核计划由审核组长编制，审核方案由负责审核方案管理的人员来建立。

b）审核方案包括对审核计划的制订和实施的管理所必要的活动，包括为实施这一次审核进行策划、提供资源、制定程序所必要的所有活动，而审核计划仅仅是对一次审核的活动安排的描述。

c）审核方案可涉及全部体系、所有产品、所有过程，而审核计划可能涉及全部体系、所有产品、所有过程，也可能涉及部分体系、过程和产品。

4 审核准则

用于与客观证据进行比较的一组方针、程序或要求。

［源自：GB/T 19011—2013，3.2，改写，术语"审核证据"已被"客观证据"替代］

【释义】

（1）审核准则的作用：作为判断审核证据符合性的依据。

（2）审核准则可以是适用的方针、程序、标准、法律法规、管理体系要求、合同要求或行业规范等。

（3）不同类型或不同目的的审核，其审核准则不尽相同。例如：以认证注册为目的的第三方审核，其审核准则主要是 GB/T 24001、适用的法律法规和受审核方的环境管理体系文件化信息等；以选择合格供方为目的的第二方审核，其审核准则主要是 GB/T 24001、合同要求及相关的法律法规和环境管理体系文件化信息；以评价其自身环境管理体系运行状况为目的的第一方审核，其审核准则主要是组织的环境方针、程序及适用的法律法规要求和 GB/T 24001 和环境管理体系文件化信息等。

5 审核证据

与审核准则（3.13.7）有关并能够证实的记录、事实陈述或其他信息。

［源自：GB/T 19011—2013，3.3，改写，注已被删除］

【释义】

（1）审核证据可以来源于记录、事实陈述或其他信息。

在审核过程中，审核员可以通过查阅文件和记录、与有关责任人员面谈、现场观察、实际测定等方式来获得所需要的信息。但是，并非所有的记录、事实陈述或其他信息都能够作为审核证据。

（2）作为审核证据的记录、事实陈述或其他信息应该与审核准则有关。

不同类型、不同审核目的的审核，其审核准则是不同的。因此，审核员应收集与审核准则有关的记录、事实陈述或其他信息作为审核证据，与审核准则无关的记录、事实陈述或其他信息不能作为审核证据。例如：环境管理体系第三方认证审核的审核准则中包括环境管理体系要求，但不包括质量管理体系要求，因此，与环境管理体系要求有关的信息可以作为审核证据的来源，而与质量管理体系要求有关的信息通常不能作为审核证据。

（3）作为审核证据的记录、事实陈述或其他信息应该是能够证实的。

"能够证实"主要是为了确保审核证据的真实性、可靠性和客观性。在审核过程，虽然不要求对获得的每项信息进行逐一的证实，但应确保在需要时能够对与审核证据有关的这些信息进行证实，不能证实的信息不能作为审核证据。

6 审核发现

将收集的审核证据对照审核准则进行评价的结果。

注1：审核发现表明符合或不符合。

注2：审核发现可导致识别改进的机会或记录良好实践。

注3：如果审核准则选自法律要求或法规要求，审核发现可被称为合规或不合规。

[源自：GB/T 19011—2013，3.4，改写，注3已被修改]

【释义】

（1）审核发现是评价的结果。结果有二种可能——符合或不符合。如果是不符合，就要分析原因，寻求改进机会；如果是符合，尤其是高绩效结果的审核发现，可以作为良好实践评价环境管理体系有效性的程度。

（2）审核发现不是审核结论。注意二者区别。

7　审核结论

考虑了审核目标和所有审核发现后得出的审核结果。

[源自：GB/T 19011—2013，3.5]

【释义】

（1）审核结论是在考虑了审核的目的并综合分析了所有审核发现（符合的和不符合的）的基础上作出的最终审核结果。由此可见，审核结论与审核目的和审核发现密切相关，审核发现和审核目的是得出审核结论的基础。

（2）不同目的的审核其审核结论也不尽相同，例如以认证注册为目的第三方审核，其审核结论一方面包括对所有的审核发现进行汇总评审后得出的对体系符合性和有效性的评价，另一方面是根据审核目的提出是否推荐认证注册的建议；而以识别改进需求为目的的第一方审核，其审核结论是在对体系符合性和有效性评价的基础上提出改进的建议。

（3）一次审核的审核结论不是由某一个审核员作出的，而是由审核组共同作出的。

（4）审核准则、审核证据、审核发现和审核结论之间的关系如下：审核组中的所有审核员通过收集和验证与审核准则有关的信息获得审核证据，依据审核准则对审核证据进行评价获得各自的审核发现。审核组所有成员共同汇总分析所有审核发现，结合此次审核目的共同作出审核结论。由此可见，审核准则是判断审核证据符合性的依据，审核证据是获得审核发现的基础，审核发现是作出审核结论的基础。

8　审核组

实施审核（3.13.1）的一名或多名人员，需要时，由技术专家（3.13.16）提供支持。

注1：审核组中的一名审核员（3.13.15）被指定作为审核组长。

注2：审核组可包括实习审核员。

[源自：GB/T 19011—2013，3.9，改写]

【释义】

（1）审核组可以包括：审核组长、审核员、实习审核组和技术专家。

（2）审核组可以由一名或多名审核员组成，其中一名审核员应被指定为审核组长，当由一个审核员组成审核组时，该审核员即是审核组长。审核组可以包括实习审核员，需要时还可以配备技术专家为审核组提供特定知识或技术支持。

（3）对于审核组成员的选择，在 GB/T 19011 条款 5.4.4 "选择审核组成员"要求应考虑的因素：审核组的整体能力；审核的复杂程度以及结合审核或联合审核；所选定的审核方法；法律法规及合同的要求；审核组成员应是独立于被审核活动以及避免利害冲突；审核组成员的共同工作能力及有效沟通；语言能力、文化特性等。

（4）在审核过程中，如出现利益和能力方面的问题，审核组的规模和组成可能有必要调整。如果出现这种情况，在调整前，有关方面（如审核组长、审核方案管理人员、审核委托方或受审核方）应进行讨论。

---

9 审核员

实施审核的人员。

［源自：GB/T 19011—2013，3.8］

【释义】

通常，审核员的任务和职责可包括：

（1）有效地策划分配的审核活动（如编制检查表等）；

（2）参与审核过程中的沟通及首、末次会议；

（3）有效地完成分配的审核任务（包括收集审核证据、报告审核发现等）；

（4）参与审核发现的评审和审核结论的准备；

（5）配合并支持其他审核员的工作：

（6）必要时，实施审核后续活动。

---

10 合格（符合）

满足要求。

11 不符合（不合格）

未满足要求。

【释义】

合格和不合格的要求，不仅指与环境管理体系有关的要求，可能还包括合同上的要求、企业自己的要求、行业法规的要求、顾客未明示的要求等。

二、 内部审核的特点与作用

1. 内部审核的特点

（1）内部审核是一项证实活动；

（2）遵循审核基本指导性文件（GB/T 19011《管理体系审核指南》）实施；

（3）是收集客观证据的过程；

（4）以符合性检查为主；

（5）应确定准则、范围，不应随意的检查；

（6）方法严谨、系统，有计划、有充分的人员保证、有确定的审核程序、有报告和跟踪验证，确保达到目的性；

（7）严肃性，从事审核的人员是经过系统培训考核具备能力的，审核结果是有充分依据的，审核结果直接导致管理过程的调整。

2. 内部审核的作用

（1）作为环境管理体系要求之一，使环境管理体系满足评价标准或其他约定文件（如合同）的要求；

（2）作为一种重要的管理手段，保持环境管理体系的自我改进机制，及时发现管理中的问题，组织力量加以纠正和预防，使环境管理体系持续地保持其有效性；

（3）第二、三方审核前，通过内审及时发现问题并加以纠正，为顺利通过第二、三方审核做好准备。

三、 内部审核的原则

1. 诚实正直：职业的基础

无论审核员和审核方案管理人员都应该尊重从事的工作，诚实、勤勉和负责任；保持公正、无偏见；努力了解和遵守有关的法规要求；在工作中体现自己应用法规和知识的能力；审核时对任何可能影响其判断的因素保持警觉。

2. 公正表达：真实、准确地报告义务

审核员应真实、准确地报告审核过程中遇到的重大障碍以及与受审核方的分歧，以便审核发现、审核结论和审核报告是真实和准确地反映审核活动。沟通应真实、准确、客观、及时和完整。

3. 职业素养：在审核中勤奋并具有判断力

审核员应具备的基本职业素养是勤奋并具有判断力。这也是审核员能珍视他们所执行的任务的重要性以及获得审核委托方和其之相关方对他们的信任的一个重要因素。

审核员应勤奋、不断进取，努力学习并不断理解新的知识，在审核中不应局限于已有的经验和知识，应以发展和变化的眼光和态度看待事物的发展，并做出客观的判断。审核员应具有很强的判断能力，应对大量的审核信息进行有效的识别和分析，做出正确而客观地判断。

4. 保密性：信息安全

审核过程中，审核员会接触到受审核方的大量信息，审核员要审慎和保护这些信息，可以为了达到审核目的查看、记录这些信息，但不能为了个人利益不适当地以或以损害受审核方合法利益的方式使用审核信息。特别是遇到组织敏感的、需保密的信息时，更要注意，如技术配方、新工艺、新技术、专利等。一般情况下，在开始现场前应询问是否有保密区域或保密内容，在不影响做出审核结论时，审核员应充分地保护，若不能做出审核结论时，要与组织沟通，可能会记录一些信息，此时可就记录的方式、如何记录与组织共同商讨确定。

5. 独立性：审核的公正性和审核结论的客观性的基础

保持"独立性"是实现审核的公正性和审核结论的客观性的基础。这一原则要求实施审核活动的审核员应独立于受审核的活动（即与被审核的活动无直接责任关系），并且不带偏见，没有利益上的冲突。审核员在审核过程中应保持客观的心态，不能将个人的主观臆断、猜测作为审核证据，从而保证审核发现和审核结论仅建立在审核证据的基础上。

对于内部审核，审核员应独立于被审核职责的运行管理人员。对于小型组织，内审员也许不可能完全独立于被审核的活动，但应最大力量地努力消除偏见、体现客观。

6. 基于证据的方法：在一个系统的审核过程中，得出可信和可重现的审核结论的合理的方法

审核证据应是客观存在的、可证实的。由于审核是在有限的时间内并在有限的资源条件下进行的，因此审核是一个抽样检查的过程，在审核中获得的审核证据也是建立在可获得信息的样本的基础上的。然而抽样是具有一定的局限和风险的，因此抽样的合理性是影响审核结论的可信性的重要因素。

四、 环境管理体系过程的评价

环境管理体系是由一系列的过程组成的，有直接的管理过程、间接管理过程、辅助管理过程或支持性管理过程等，评价环境管理体系必须通过对过程的评价实现；应对每一个被评价的过程，提出如下四个基本问题：

（1）过程是否予以识别和适当确定？（P）

（2）过程是否被实施和保持？（D）

（3）在实现所要求的结果方面，过程是否有效？（C/A）

（4）过程控制的效果是否持续改进。（A）

在确定了环境管理目标后，对识别出的风险点的控制也是通过对过程的控制实现的。总之，所有结果的取得，无论是预期的（环境因素的控制）还是非预期的（能源消耗或污染物排放），都需要控制其产生的过程或处置的过程。

五、 环境管理体系评价类型

环境管理体系评价的方式通常存在下面几种：

（1）审核；

（2）管理评审；

（3）自我评价。

审核用于确定符合管理体系要求的程度、管理体系的有效性和识别改进的机会，通常有三种形式：

（1）第一方审核用于内部目的，由组织自己或以组织的名义进行，可作为组织自我合格声明的基础；

（2）第二方审核由组织的顾客或由其他人以顾客的名义进行；

（3）第三方审核由外部独立的审核服务组织进行。这类组织通常是经认可的，提供符合（如：ISO 9001/GB/T 19001）要求的认证或注册。ISO 19011/GB/T 19011 提供了审核指南。

表 3-1 为三种审核形式比较。

表 3-1 三种审核形式比较

项目	第一方（内部）审核	第二方审核	第三方审核
执行者	企业内部审核员	顾客或其代表	独立的第三方认证机构或类似机构
目的	评定本组织的管理体系能否持续、稳定有效地达到管理目标的要求	在签订合同前，选择和评价合格的承包方	管理体系认证注册
作用	a) 自我评价管理体系的有效性、符合性； b) 完善管理体系； c) 充分发挥控制机制； d) 为外部审核作准备	a) 满足顾客对管理体系要求； b) 为选择合格的供方提供依据； c) 改进供方的管理体系； d) 供需双方沟通	a) 评定受审核方对选定的管理体系标准的符合性； b) 确认保证能力； c) 减少重复审核，节省费用； d) 帮助提高竞争力、市场形象等
审核依据	a) 管理体系文件； b) 法律法规及其他要求； c) 管理体系标准	a) 合同； b) 法律法规及其他要求等； c) 管理体系标准； d) 管理体系文件	a) 管理体系标准； b) 管理体系文件； c) 法律法规及其他要求
范围	所有相关的环节，一般范围较大	视顾客的要求	双方商定，根据组织特点确定
审核后的建议	应分析原因，提出建议	取决于顾客的需求	一般不提建议，只提出不符合项报告、审核报告

六、 内部审核与管理评审的区别与联系

管理评审是最高管理者的一项任务，是对环境管理体系的适宜性、充分性、有效性和效率进行定期的、系统的评审。这种评审可包括考虑修改环境方针和目标的需求以响应相关方需求和期望的变化。评审包括确定采取措施的需求。

审核结果与其他信息均可作为管理评审的输入。

内部审核和管理评审虽然都是对管理体系做出评价，但有许多不同之处，参见表3-2。

表3-2 管理评审和内部审核的比较

比较内容	管理评审	内部审核
目的	评价环境管理体系的适宜性、有效性、充分性和效率，寻求改进的机会，确定改进的措施	验证环境管理体系运行的充分性、符合性、有效性
依据	·相关方的期望和要求； ·合规义务（法规、法律和其他要求）； ·环境方针、环境目标； ·市场变化； ·环境发展状况	环境管理体系文件、标准、法律法规及其他要求等
内容	·内外部审核结果； ·纠正和预防措施的结果； ·组织环境变化情况； ·以往管理评审所采取措施的状况； ·以下方面的变化： 　1）与环境管理体系相关的内、外部问题； 　2）相关方的需求和期望，包括合规义务； 　3）其重要环境因素； 　4）风险和机遇。 ·环境目标的实现程度； ·组织环境绩效方面的信息，包括以下方面的趋势： 　1）不符合和纠正措施； 　2）监视和测量的结果； 　3）其合规义务的履行情况； 　4）审核结果。 ·资源的充分性； ·来自相关方的有关信息交流，包括抱怨； ·持续改进的机会	各项管理体系要求执行的充分性、符合性、有效性
执行者	最高管理者或以其名义进行，最高管理层人员参加，可邀请必要的人员	有能力、经授权的独立人员——内审员主持
方式	一般不在工作现场，采取研讨、会议形式	一般在管理活动现场
联系	包含对内部审核的评定	是管理评审的输入

七、 内部审核与日常监督检查

内部审核和监督检查都属于监视和测量的内容，都是对管理对象是否符合要求开展的监测活动，把握好它们之间的异同对实施管理很有帮助。

监督检查往往是由主管部门的负责人对所属的单位进行检查，看上级制定的各项规定和要求是否得到了认真的执行，有什么问题需要解决，哪些人工作不认真负责，哪些人不能胜任工作等，检

查以后召开总结会议，写出总结报告。

监督检查是许多单位一直存在并发挥作用的一种管理手段，审核也是一种管理手段，其实目的是一样的。因此贯标的企业有必要认真研究传统的监督检查和审核的异同，两者相互借鉴，将监督检查的内容加入到审核中来，将审核的程序和方法借鉴到监督检查中去，或者二者合一也是可行的。

两者的明显区别是内部审核全面对体系进行评价包括各主管部门，它不是一个部门级别的活动，是最高管理层委派的专项任务；监督检查往往不查职能部门自身，其实很多问题恰恰出在了职能部门的工作方式方法、过程设计的合理性，对于不合理的过程，越要求基层单位严格执行，效果越差。详见表3-3。

表3-3　内部审核与监督检查比较

比较内容	监督检查	内部审核
目的基本相同	上级制定的各项制度和要求是否得到了实施，且有效果	企业制定的管理体系要求是否被有效执行，且有效果
涉及范围不同	针对具体的过程，包括管理过程和作业过程	整个管理体系，包括过程、程序、资源、组织机构等
方式	上级人员检查下级，或管理人员自查	独立的审核员进行检查
从事人员	各部门要齐全，重点是齐而不是精，对检查人员一般没有专门要求	受过专门的培训，有一定的知识和工作背景，掌握了审核的方法技巧
行为方式	依据自身的水平	依据正规的审核程序
检查结果的体现	工作报告依据个人水平，评价往往针对某种现象而不是体系	正规的报告，通过具体的不合格报告、审核报告，评价体系的符合性和有效性
后续措施	监督改正	验证并防止再次发生

八、 内部审核与过程（绩效）监视测量

体系的运行控制的效果完全依靠内部审核是不够的，对过程（绩效）进行及时的监控才能及时发现问题解决问题，所以过程的直接作业人员要监视过程，过程的管理者应监视和测量过程。内部审核与过程监视测量的比较参见表3-4。

表3-4　内部审核与过程监视和测量比较

比较内容	内部审核	过程监视测量
管理对象	管理体系 包括过程、程序、资源、组织结构等	过程 包括决策过程、管理过程、运行过程等；
目的	评价管理体系的符合性、有效性，提出问题，提供改进契机	监控过程的状态，确定过程达到目标的能力
执行者	内部审核员	负责过程的人员，可能是过程的操作人员、过程的主管上级、或其他人员，这些人员往往对该过程有技术专长
时机	计划的时间间隔，集中式或滚动式进行	一般在过程发生的同时进行，频次通常比内审密度大

表3-4（续）

比较内容	内部审核	过程监视测量
方式	询问、观察、验证等，走访体系相关的部门和人员	——过程审核； ——支持和运行保障能力评价； ——运行符合性和有效性检查； ——过程及其输出的监视和测量； ——过程合规性评价； ——过程重要环境因素控制效果评价
报告形式	内部审核报告	过程评价报告、工艺评定报告、项目总结报告等

九、 内审员的作用

内审员应当发挥下列作用：

1）骨干作用

内审员经过系统的培训，对整个管理过程有系统的认识，对企业的关键管理过程和控制活动有准确的认识，具有发现问题并提出建议、改进的能力。偏离企业主要活动和过程的内审员不可能提出改进环境保护、污染预防、提高环境绩效等的积极建议。在此方面，对内审员往往比外审员的要求更高，对企业的帮助更大。

2）参谋作用

在内部审核时，内审员发现某些不符合，要求受审部门提出纠正措施建议。他必须向受审部门解释为什么这是一项不合格，为什么不符合某一规定的条款。这样对方才能针对不合格，找出原因，采取纠正措施。在受审方考虑纠正措施时，内审员可以提出一些方向性意见供其选择。当受审部门提出纠正措施建议时，内审员应决定是否加以认可，并说明认可或不认可的理由。在纠正措施计划实施时，内审员应主动关心其实施的进程，必要时应加以协助（如向体系管理部门或管理者代表反映实施中的困难，提出解决问题的建议等）。如果在审核中发现某些潜在不合格，内审员也应主动向受审方提出，并提出调查潜在不合格原因的途径、采取预防措施。这些都说明内审员在内审工作中，决不仅仅是一个消极的裁判员，还应积极为保持和改进管理体系想办法、出主意，成为一名优秀的参谋。

内部审核是全局性的，而不限于体系某一部分，是对整个组织的管理行为的审核，必须充分体现最高管理者的管理理念和要求，所以内审员必须能够与管理层进行有效沟通，积极提出问题和建议，做好领导的参谋。

3）监督作用

管理体系的运行需要持续地进行监控，才能发现问题，及时解决。这种连续监控主要是通过内部审核进行的，而实施内部审核是由内审员完成的，从某种意义上来说，内审员对管理体系的有效运行起着监督员的作用。

4）纽带作用

内审员在内部审核中与各部门各层次的人员有着广泛的交流和接触，上到最高管理者、下到具体的操作员工和作业人员，他们既可以收集员工有关管理体系方面的意见、要求和建议，通过体系主管部门人员向领导反映；又可以把领导层关于管理体系的方针、政策和意图向员工传达、解释和贯彻，起到沟通和联络的作用。如果内审员能够通过自己的工作，生动具体地宣传贯彻 GB/T 24000 系列标准的要求，则比上几堂 GB/T 24000 系列标准宣贯课更为深刻，可帮助受审核者理顺过程、发现问题、提出合理建议、沟通和传递信息，起到纽带作用。

5）接口的作用

在对外部供方实施第二方审核时，内审员经常被派往外部供方实施审核。内审员在审核中贯彻本企业对外部供方的要求，同时也可反映外部供方的实际情况和要求，起到了接口的作用。当第三方认证机构的外部审核员来本企业进行审核时，内审员常担任联络员、陪同人员或观察员等职务，从中了解对方的审核要求、审核方式和方法，向最高管理层反映；同时也可向对方介绍本企业的实际情况，从而起到了内外接口的作用。

6）带头作用

内审员一般在企业的各部门都有自己的本职工作。在这些工作中，内审员应带头认真执行和贯彻有关的管理体系标准、管理体系文件，在接受内审时要做到虚心诚恳，积极配合，起模范带头作用，成为贯彻实施质量体系的积极分子。在质量体系的有效实施方面起带头作用。

总而言之，作为内审员是非常有挑战性的，也是非常光荣的。好的内审员能够很快将自身的才华发挥出来，自身的创造性得到施展，技术和管理水平都将得到提高。

第二节　内部审核策划

一、　内部审核策划

1. 组织应通过合理的策划达到审核目的。

策划应考虑：

（1）突出管理重点，如拟审核的过程和区域的状况和重要性；

（2）实现经营的意图，如贯彻高层管理者正在推动的有关事宜；

（3）符合管理体系标准的要求；

（4）符合法规和合同要求；

（5）满足顾客要求和其他相关方的要求；

（6）规避企业潜在的风险。

每一次审核并不一定针对上述所有的目的，很可能是为了达到其中一个或几个目的，也可能将上述目的分成一次或几次审核活动来完成。

2. 通过合理的策划，明确：

（1）审核的范围；

（2）审核的依据；

（3）审核的时机和频度；

（4）审核单元的划分；

（5）审核人员的组成；

（6）审核的资源保障；

（7）审核的时间等。

3. 审核策划的结果是形成审核方案或审核计划。

二、 内审范围

1. 审核内容

（1）上次审核（内部/外部）的不合格项的纠正措施的实施情况；

（2）环境管理体系的组织结构是否与所进行的管理活动相适应；

（3）环境管理体系标准要求（各条款）的实施运行的符合性和有效性；

（4）有关的各项制度、规章、办法和作业规范及指导书、方案等是否认真执行；

（5）资源配备是否满足环境管理体系的要求；

（6）记录是否是充分、清晰、可追溯。

2. 审核区域

所有有关的区域和单位都应接受内部审核，可能包括：

（1）公司机关：领导层、各管理部室；

（2）分公司、分厂、车间或各项目部等；

（3）仓库（如原辅料库房、危险化学品库房、配件库房等）；

（4）检测中心或试验室；

（5）资料室或档案室；

（6）相关配套附属设施设备运行区域（如污水处理站、锅炉房等）。

内部审核通常不涉及外协、外包单位现场，如有需要，可开展第二方审核，其审核程序基本相同。环境管理体系还应当注意观察组织的环境因素是否对厂（场）界周围产生环境影响。

三、 内审依据

（1）组织实施的管理体系标准，如环境管理体系实施的标准 ISO 14001/GB/T 24001 标准；

（2）环境管理体系文件化信息，如环境管理手册、程序文件及其他管理文件（如有）；

（3）组织适用的合规义务，如：法律、法规、标准、规范、其他要求和自愿性承诺等；

（4）其他，如环境管理策划的计划或方案。

四、 内审时机和频度

1. 审核的时机

按照 ISO 14001/GB/T 24001 标准要求规定的时间间隔进行审核，审核的安排应当进行合理的策划，根据组织的特点和受审核对象的情况来安排，受审核的对象不稳定时应当加大审核的频次。考虑审核时机应考虑以下因素：

（1）要适应组织的生产经营和管理的特点，合理安排。比如对于建筑业应考虑其点多面广的特点（表 3-5）。

表 3-5 建筑业的特点

特点	对策
项目多而分散	设置多个审核组
每个产品和服务几乎都涉及全过程	每个审核组都要审核所有要素

表 3-5（续）

特点	对策
管理层和执行层距离远	审核管理紧凑，集中与分散结合
审核员分散	加强审核员之间的交流和研讨
产品和服务不断变化	计划应灵活

以上这些特点将造成内部审核牵扯人员多、费用高，因此审核更不能走过场，各级领导要真正使审核发挥应有的作用；

（2）审核活动的数目、重要性，复杂性，相似性和位置分布等；

（3）上一次审核的结果，包括第一方、第二方、第三方审核；

（4）顾客的特定要求；

（5）组织的特定要求，如某些项目或分厂管理的成熟程度等。

2. 集中审核与滚动审核

尽管标准没有具体要求，但对于组织环境管理体系所涉及的部门、场所每年至少进行 1 次内审是适当的。具体安排时，可以把工作量平均到每个月，也可以是每年 1～2 次集中审核，每一轮审核在合理的审核时间内完成，类似于外审。

普遍采用的是集中审核，它的优缺点分析如下：

（1）优点：能够很快的发现问题，集中整改，因此往往用于体系刚刚建立或做出重大调整之后及时进行；

（2）缺点：需要人员突击进行，人员数量要多，往往导致不熟练的人员从事了重要的审核，不能有效地达到审核目的；时间间隔长，没有发挥审核的督促作用，因此往往需要追加审核。

对于环境管理体系已经正常运行的组织宜采用滚动审核，它的优缺点分析如下：

（1）优点：需要的审核员少，因此审核员的审核能力提高的较快；工作量平均，审核员能够进行很好的横向比较和整体分析，保证审核结论的系统性；

（2）缺点：个别审核员的工作量大，可能导致内审员的专职化（也可能是优点），审核周期长，不能马上得出整体结论。

3. 非常规审核的时机

除了常规的审核以外，有时需要追加审核，如：

（1）发生了严重的环境问题或相关方提出严重申投诉；

（2）组织的领导层、隶属关系、产品、环境方针和目标、生产工艺技术及装备以及生产场所、污染物等有重大改变；

（3）审核依据标准的变化或其他外部环境的显著变化；

（4）环境管理体系的重大变化；

（5）即将进行外部审核（如第二方审核或第三方审核）；

（6）审核中发现区域性或系统性的问题。

总之，当环境管理体系或影响体系的内外部环境、相关方需求发生了显著变化时，一般需要追加审核，确保环境管理体系能够适宜。

五、 内部审核层次的划分

1. 审核单元的划分

有些组织的组织机构分散在几个、十几个或更多个地区，如区域公司、分公司、办事处等以及所属的一些营业网点或项目，这种分散性，特别需要按照一致的管理程序运转，保证公司的整体战略的贯彻，内部审核是非常有利的一个工具。

由于分支机构的运行成熟程度不同、规模不同、所处环境不同等，审核的重点也应考虑不同，因此合理地策划审核单元以及审核的深度是值得重视的一个问题，一般有下面一些做法可供参考：

（1）分成几个小组分别审核不同的区域，分别总结审核报告；

（2）各部门和直属的单位（如实验室、资料室等）为一次审核；

（3）每个区域公司、分公司、分厂或部门及所属的项目部、车间等为一次审核；

（4）非常独立的项目部或车间为一次审核；

（5）某个专业的产品所涉及的范围为一次审核。

公司下属的分公司等是否需要独立进行内部审核？答案是可以，但不是必需。对于距离限制或专业特点的限制等造成分公司的运作与总部的运作独立性较强时，进行分公司内部的审核往往是有必要的。有效的内部审核能够减小集团（总部）对分公司的内部审核频次，集团（总部）可以根据分公司审核的结果合理安排集团（总部）审核的计划，但分公司的内部审核不能完全代替集团（总部）对分公司的内部审核。集团的审核层次划分参见图 3-2。

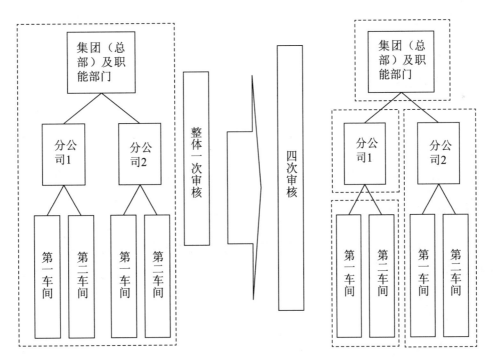

图 3-2 审核层次划分示意图

集团（总部）审核小组不要过多，一般不应超过四个小组，否则审核质量难于以控制。

2. 分支机构的审核

（1）通常不需要有几个层次的审核，因为环境管理体系只有一个，每个层次的体系都是整个体系的一部分；

（2）区域性公司可以组织内审，并将结果保存备查、上报控制机构；特别是区域公司的子体系相对独立时更宜组织内审。当然区域公司也可以只对主要管理过程进行审核。

（3）区域公司之间、甚至类似的各个项目或车间之间在总公司控制机构的管理之下相互审核是一种值得推荐的做法。这样能够相互学习，增加竞争挑战性，无论在技术上还是在人员能力提高以及相互沟通方面都非常有意义。

六、 不同管理体系的结合审核安排

一个组织可能同时在运行两个、三个甚至更多的管理体系标准，不同的管理体系都要求进行内部审核，因此组织可能需要制定一个或多个审核方案，或者几个结合起来审核。对于多个管理体系的结合审核需要根据组织的特点确定审核方案或审核计划，这往往取决于：

（1）每个体系的复杂程度；

（2）体系整合的程度；

（3）审核人员的能力；

（4）组织的职能分工。

对于不同的管理体系分别进行审核是效率比较低的一种做法。组织的管理体系实际是一个整体，各个管理体系标准从自身的完整性考虑，都包含了一些通用的管理要求，如果分别从各个管理体系标准的各自要求进行审核，势必造成重复，因此内部审核的效率取决于管理体系整合的程度，一个理想的内部审核应当是：

（1）统一的策划；

（2）统一的人员进行；

（3）统一的审核记录；

（4）统一的效果评价；

（5）统一的改进措施。

这种结合型的管理体系在统一策划之下，并不一定是一次审核，有可能是分体系进行，如职业健康安全管理体系审核、环境管理体系审核、质量管理体系审核、能源管理体系审核、人力资源管理体系审核、经营管理体系审核、信息安全管理体系审核等，以此为基础形成整个管理体系的审核，当然这中间需要各体系之间协调一致。

七、 内部审核的全过程

每一轮审核，通常都须经过以下的过程，这些过程的具体内容将在后面几节分别叙述，在此应有一个全貌的认识：

（1）确定审核的目的和范围；

（2）准备与计划；

（3）现场实施；

（4）审核发现的评价；

（5）制订、认可纠正措施并跟踪验证；

（6）审核结果的全面分析与对策；

（7）审核管理工作的改进。

八、 内部审核中的作用、 职责与资源管理

内部审核对许多组织来讲是一项较其他工作更加系统的专项工作，需要从上到下多方位人员的

参与，只有当领导决策正确、管理部门指挥正确、内部审核员审核认真负责时，工作才能顺利做好。

1. 决策层应当发挥的作用

（1）领导重视是做好内部审核的关键；

（2）将审核工作摆到一个适当的位置，是企业管理制度化的一个重要手段；

（3）将定期的监督检查制度与内部审核协调进行，避免形式化，并尽量减少检查工作量和费用；

（4）可能时领导直接参加培训和审核；

（5）正确处理内审的结果，严格要求内部审核报告的深度，使其真正成为一次管理工作的专家诊断。

有些组织，而且是规模很大的组织，在进行完一次内部审核之后，由管理者代表亲自编写内部审核报告，历数管理工作的主要成绩和不足以及可能的措施，为最高管理者提供决策的信息输入，这是值得推荐的做法。

2. 内部审核管理部门的作用

内审的具体工作需要一个或几个职能部门或岗位来管理，主要职责是：

（1）编制审核计划并通知相关单位或人员；

（2）协调审核工作；

（3）准备审核文件；

（4）收集审核证据；

（5）分析审核结果，需要时组织跟踪、验证纠正措施；

（6）管理内审员。

3. 受审核部门/单位的职责

（1）确认审核规定的审核日期；

（2）将审核的目的和范围通知有关员工；

（3）指定陪同审核组的联络员或向导（需要时）；

（4）当审核员要求时，为其使用有关设施和证明材料提供便利；

（5）在不合格报告上签字确认；

（6）制订及实施纠正措施；

（7）保护审核员的安全。

4. 配备资源和制度保障

（1）组建一支合格的内部审核员队伍，任命一批具备审核能力的内部审核员，并不断增强内部审核员的能力；

（2）内审需要一套正规的程序：组织的内部审核程序，需要随着内审工作的开展不断地完善修订。

（3）实施审核活动所需要的财政资源，满足交通、食宿供应要求等。

九、 编制审核方案与审核计划

1. 审核方案

审核需要很好的策划，这也体现了环境管理体系标准"预防为主"的思想。通常由内部审核管理部门负责编制审核方案，经负责人批准实施（必要时经管理者代表批准），审核方案应包括在规定的期限内有效和高效地组织和实施审核所需的信息和资源，可包括（但不限于）以下内容：

——审核方案和每次审核的目标；

——审核的范围与程度、数量、类型、持续时间、地点、日程安排；

——审核方案的程序；

——审核准则；

——审核方法；

——审核组的选择；

——所需的资源，包括交通和食宿；

——处理保密性、信息安全、健康和安全，以及其他类似事宜的过程。

2. 审核计划

通常有集中审核和滚动审核两种，往往由内部审核管理部门制定出年度的审核方案，依据审核方案策划内部审核的时间，一般提前一周左右策划制定内部审核实施计划，按照内部审核实施计划实施审核，内部审核实施计划可策划按照区域实施，也可按照职能实施。审核计划内容可包括（但不限于）：

（1）审核目标；

（2）审核范围，包括受审核的组织单元、职能单元以及过程；

（3）审核准则和引用文件；

（4）实施审核活动的地点、日期、预期的时间和期限，包括与受审核方管理者的会议；

（5）使用的审核方法，包括所需的审核抽样的范围，以获得足够的审核证据，适用时还包括抽样方案的设计；

（6）审核组成员、向导和观察员的作用和职责；

（7）为审核的关键区域配置适当的资源。

适当时，审核计划还可包括：

——明确本次审核中受审核方的代表；

——当审核员和（或）受审核方的语言不同时，审核工作和审核报告所用的语言；

——审核报告的主题；

——后勤和沟通安排，包括受审核现场的特定安排；

——针对实现审核目标的不确定因素而采取的特定措施；

——保密和信息安全的相关事宜；

——来自以往审核的后续措施；

——所策划审核的后续活动；

——在联合审核的情况下，与其他审核活动的协调。

审核计划可由审核委托方评审和接受，并应提交受审核方。受审核方对审核计划的反对意见应在审核组长、受审核方和审核委托方之间得到解决。

3. 审核方案与审核计划的区别（表 3-6）

表 3-6　审核方案与审核计划的区别

项目	审核方案	审核计划
定义	针对特定时间段所策划，并具有特定目的的一组（一次或多次）审核	一项审核活动及安排的说明

表 3-6（续）

项目	审核方案	审核计划
审核目标	一项审核方案可涉及的多次审核活动的目标（不同审核也有不同的目标）	一次审核活动的具体目标，是审核方案目标的一部分
范围	一项审核方案可涉及全部体系、所有产品、所有过程	一项计划可能涉及全部体系、所有产品、所有过程，也可能涉及部分体系、过程和产品
主要内容	对一个特定时间段的审核进行策划、确定审核的形式、审核的频次及次数、确定和提供审核的资源	规定一次审核活动的期限和每次的具体审核日程，确定审核员的分工
执行人	审核方案管理人员	审核组长
管理与实施	要对审核方案进行 PDCA 管理，不断改进审核方案及审核管理	审核计划经过审核委托方批准，受审核方确认后，审核组应严格按计划实施审核
关系	方案包括对计划的制定与实施的有关要求	计划的编制、批准、实施应符合方案的规定

4. 编制审核计划

审核计划至少应包括以下方面的内容：

（1）审核目的

对环境管理体系认证的初次审核而言，审核的目的通常是评价受审核方的环境管理体系与审核准则的符合程度，验证其实施运行的有效性，以决定是否能推荐认证注册。

（2）审核准则和引用文件

主要是环境管理体系标准、适用的法律法规、受审核方的环境管理体系文件及其他引用文件。

（3）审核范围，包括受审核组织单元、职能单元以及过程

通常可包括环境管理体系所覆盖的产品范围、涉及的过程、活动和组织单元/职能单元等。

（4）现场审核活动的日期和地点

是指现场审核活动的起止日期和受审核方的地址，如果存在多现场（如建筑施工单位的几个施工现场），应明确每个现场的地址和审核起止日期。

（5）现场审核活动预期的地点、时间和期限（日程安排），包括与受审核方管理者的会议

根据审核范围内所涉及的过程、部门或场所的特点和重要性，需要合理估算现场审核的时间，包括现场审核中与受审核方管理层沟通（会议）以及审核组沟通（会议）的时间。通常，对环境管理体系及其产品影响较大的重要过程或关键过程会安排较长的审核时间；承担的环境管理体系职责较多且较重要的部门场所会安排较长的审核时间。

（6）审核组成员

审核组成员可以包括审核组长、审核员、实习审核员和技术专家。

（7）为审核的关键区域配置适当的资源（此内容通常体现在"日程安排"中）

审核的关键区域是指对受审核方满足顾客和适用法律法规要求以及实现其规定质量目标的能力有重大影响的区域。例如：某印染厂，其生产区域、染色废水处理区域可以作为环境管理体系的关键区域。配置适当的资源包括：有特定知识和技能的审核员或技术专家、为实施监视和测量而配备的设施、审核时间等。

在编制审核计划时，应充分考虑并适当配备对关键区域审核时所需的资源。例如：在环境管理体系认证审核中，对受审核方产品和服务提供过程与环境控制直接有关的关键过程，应安排具有相

应专业知识或资格的审核员去审核，或配备技术专家给以支持。

（8）适用时，其他有关内容

审核计划除了应包括以上内容之外，在适用时，还可以包括：受审核方的代表、审核中使用的语言、后勤安排、保密承诺、审核报告的主题等内容。

审核计划可由审核委托方评审和接受，并应提交受审核方，受审核方有任何反对意见，应在审核组长、受审核方和审核委托方之间得到解决。

5. 审核方案和审核计划示例

【示例1】 年度内部审核方案

×××公司

2017 年度内部审核方案

1 目的

评价环境管理体系是否符合审核标准的要求及其有效性，以便寻求改进公司环境管理体系。

2 审核范围

公司产品生产全过程涉及的所有部门、场所的环境管理。

3 审核依据

1）GB/T 24001/ISO 14001《环境管理体系 要求及使用指南》；

2）公司环境管理体系文件；

3）适用的法律法规和其他要求；

4）其他。

4 时间安排

内部审核拟于 2017 年 7 月中旬进行，并对审核提出的问题点及不符合项进行整改和跟踪验证。

5 审核方式

内部审核拟对公司各部门、场所实施全面审核，按所涉及的标准条款逐一与被审核部门负责人及有关人员面谈、查阅有关记录、观察和核对有关证据。

6 内审组组成

1）内审组由取得内部审核资格的人员组成，管理者代表任命并确定审核组长；

2）安排审核时，内审员不能审核本部门的工作；

3）内审前对内审组成员再次进行培训，熟悉标准、公司环境管理体系文件、明确审核方法/技巧等。

7 资料准备

各部门做好内部审核的资料准备，为所实施的工作的符合性及其有效性提供证据。

编制： 审核： 批准： 日期：2017 年 1 月 5 日

【示例2】 环境管理体系内部审核计划（1）

×××公司

2017 年环境管理体系内部审核计划

1 审核目的

评价公司环境管理体系与 GB/T 24001 标准以及公司环境管理体系文件及相关法律法规、标准和其他要求的符合性；

评价公司环境管理体系文件执行效果、管理体系运行的有效性；

评价公司环境方针/管理目标、指标和方案的适宜性；

验证公司上年度管理评审改进建议和整改计划实施效果、上年度内部和外部审核开具的不符合项纠正措施的实施效果；

对本次审核发现的问题提出纠正措施和预防措施，以达到环境管理体系持续改进的目的。

2　审核准则

1）GB/T 24001 标准；

2）公司管理体系文件；

3）适用的法律法规、标准和其他要求；

4）相关方投诉。

3　审核范围

公司环境管理体系涉及的所有部门、活动、工作场所和岗位人员。

4　审核覆盖产品

×××产品的设计、生产、安装和服务

5　审核组成员

审核组长：×××

审核组成员：×××　×××　×××　×××　×××

审核组分工：

第一组：

组长：×××

组员：×××　×××

第二组：

组长：×××

组员：×××　×××

6　审核日期

2017 年 11 月 05 日～07 日。

7　审核会议安排

日期/时间	名称	参加人员
2017.11.05　09：00～09：30	首次会议	审核组、受审核方领导及有关人员
2017.11.07　14：00～16：00	内部评定会议	审核组
2017.11.07　16：00～17：00	评审情况通报和末次会议	审核组、受审核方领导

8　审核日程安排

日期/时间	部门	审核部门/管理体系要求/条款/过程/活动	审核员

【示例3】 环境管理体系内部审核计划（2）

编号：

受审核方						
地址				审核日期		
审核目的	评价环境管理体系的符合性、有效性					
审核范围	公司所属的所有与环境管理体系有关的部门和单位					
审核依据	GB/T 24001					
联系人		电话		传真		
审核人员姓名	A ×××	B ×××	C ×××	D ×××		
职责	组长	组员	组员	组员		
级别	高级	高级	初级	中级		
审核员专业代码	专业	专业		专业		

综合条款：

日期	时间	受审核部门	过程所涉及的主要条款	审核人员
	下午	审核组到公司		ABCD
	8：30～9：00	主任及有关部门主管	首次会议	ABCD
	9：00～10：00	管理者及其代表、其他领导		AD
	10：00～11：30	办公室		AD
2017年	9：00～11：30	市场科		BC
11月05日	13：00～14：00	办公室继续		AC
	14：00～15：45	行政科（锅炉、库房、园林、保洁）		AC
	13：00～15：45	保卫科（值班室、夜训队、监控室、停车场）		BD
	15：45～16：30	审核例会	当天受审核单位到会	ABCD
	8：30～11：30	旅游科		AC
	8：30～11：30	行政科（司机班、炊事班、垃圾处理场）		BD
2017年		午间休息		
11月06日	13：00～15：30	消防队		AD
	13：00～15：30	文物科		BC
	15：30～16：00	当天受审核部门	审核沟通	ABCD
	8：30～10：30	景区、生活区巡视（分两组）		ABCD
	10：30～11：30	补充审核		ABCD
2017年		午间休息		
11月07日	14：00～15：00		审核组内部沟通	ABCD
	15：00～16：00	主任及管理者代表	与管理者沟通	ABCD
	16：00～16：40	主任及有关部门主管	末次会议	ABCD

注：综合条款在所有部门审核时都将结合主管业务被审核。

编制：　　　　　日期：　　　　　批准：　　　　　日期：

【示例4】 环境管理体系内部审核计划（3）

被审核单位：　　　　　　　　　　　　　地址：

审核时间：　　　　　　　　　　　　　　审核依据：

审核组长：　　　　　　　　　　　　　　审核组成员：

审核范围：　　　　　　　　　　　　　　审核报告编号：

时间和日期	第一组（×××，×××）		第二组（×××，×××）	
	区域	内容	区域	内容

制表：　　　　日期：　　　　　　　确认人：　　　　日期：

【示例5】 按过程审核示例

按过程审核是一种重要的审核方式。按照过程审核能够引导各部门的工作围绕过程展开，改善部门间的沟通，减小对过程目的理解的不一致。过程审核的示例参见表3-7。

表3-7 过程审核示例

主过程	子过程或活动	涉及的环境管理体系条款	涉及的部门或单位
管理过程	组织的战略、方针、目标； 组织机构、岗位、职责、权限设置； 内外部沟通交流过程； 内部审核过程； 管理评审过程； 改进过程	5.2，6.2 5.3 7.4 9.2 9.3 10.3	最高管理层（总经理、管理者代表）；体系主管部门
策划过程（含应对风险和机遇措施策划；环境因素；合规义务过程）	采购过程； 产品和服务设计开发过程； 销售过程； 生产和服务提供过程； 产品和服务放行过程； 仓库管理过程； 交付和售后服务过程； 管理活动过程； ……	6.1.2	各部门
运行策划和控制过程	采购过程； 产品和服务设计开发过程； 销售过程； 生产和服务提供过程； 产品和服务放行过程； 仓库管理过程； 交付和售后服务过程； 管理活动过程； ……	8.1，8.2	各部门

表 3-7（续）

主过程	子过程或活动	涉及的环境管理体系条款	涉及的部门或单位
绩效评价过程	采购过程； 产品和服务设计开发过程； 销售过程； 生产和服务提供过程； 产品和服务放行过程； 仓库管理过程； 交付和售后服务过程； 管理活动过程； ……	9.1.1 9.1.2	各部门
改进过程	同上	10.1，10.2	各部门
…	…	…	…

这样的审核，类似于集体会诊，相关部门和单位在内审员的主持下，对管理过程逐个进行评价，发现问题。

这样的过程也可以按照抽样确定的有代表性的环境因素为主线展开，看环境因素及其环境影响、策划的运行控制措施在各过程中运作的有效性和效率如何。

十、 审核准备

1. 审核分工

一般每个组都不只一个人，因此应当对审核组各成员进行分工，当然如果审核计划已经明确了各审核员的分工，就不必编制进一步的审核员分工；一般审核计划中只明确了审核的项目、单位，而没有明确到项目/单位的哪个方面，或者审核组的不同成员需要到不同的相对独立的项目审核时，由于每个项目往往都涉及所有的体系要求，要求每一个审核员都全面审核有时是不现实的，这就需要不同的审核员有不同的审核重点。

审核往往是紧张的，所以建议审核组采用表 3-8 形式，对小组内的审核员作出明确的分工，此表也是一些机构正在使用的。

表 3-8 审核分工表

编号	体系要求	审核员				完成情况	备注
		张××	王××	李××	赵××		

审核组长：　　　　　　　　　　日期：　　年　月　日

注：1."审核员"一栏，由审核组长填写；

2.在"备注"栏，由组长根据审核员的情况决定是否要求编制检查表；如需要，审核员应根据分配的任务编检查单；

3."完成情况"一栏由审核组长填写。在审核员完成审核工作后，审核组长填写"是"/"否"以评价已经实现了审核，并作为下次审核的参考。

2. 文件评审

（1）评审相关环境管理体系文件，以：

——收集信息，了解生产和服务的过程、各部门职责，以准备审核活动和适用的工作文件；

——了解体系文件范围和程度的概况以发现差距。

（2）文件评审的时机

——审核前的文件评审；

——审核实施阶段的文件评审；

——当新建立的文件化体系投入运行前；

——当体系文件进行过重大修改时；

——发现文件化体系运作有明显问题时；

——其他认为有必要时。

（3）文件评审基本要求

文件评审的目的是确定文件所述的体系与审核准则的符合性、收集信息以支持审核活动。文件评审可以与其他审核活动相结合，并贯穿审核在审核的全过程。如果发现文件不适宜、不充分，审核组应告知审核方案管理人员和受审核方，有可能根据审核目标暂停审核，直到有关的文件的问题得到解决。

ISO 19011 附件 B.2 对文件评审明确提出了要求，查看文件中所提供的信息是否：

——完整，文件中包含所有期望的内容；

——正确，内容符合标准和法规等可靠的来源；

——一致，文件本身以及与相关文件都是一致的；

——现行有效，内容是最新的；

——所评审的文件是否覆盖审核的范围并提供足够的信息来支持审核目标；

——依据审核方法确定的对信息和通信技术的利用，是否有助于审核的高效实施。应依据适用的数据保护法规对信息安全予以特别关注（特别是包含在文件中但在审核范围之外的信息）。

文件评审应确定文件所述的体系与审核准则的符合性，收集信息以支持审核活动。文件评审可以与其他审核活动相结合，并贯穿审核在审核的全过程。如果发现文件不适宜、不充分，审核组应告知审核方案管理人员和受审核方，有可能根据审核目标暂停审核，直到有关的文件的问题得到解决。

3. 审核工作文件

审核工作文件可以包括：

——检查表；

——审核抽样计划；

——记录信息（例如支持性证据、审核发现和会议记录等）表格。

ISO 19011 附录 B.4 指出：对于结合审核，准备的工作文件应通过下列活动避免审核活动的重复：

——汇集不同准则的类似要求；

——协调相关检查表和问卷的内容。

工作文件应充分关注审核范围内管理体系的所有要素，提供的形式可以任何媒介。

4. 准备内部审核检查表

各审核员应根据审核分工，准备相应的检查表报组长审查。

检查表的作用是：

——保持审核目的的清晰和明确。审核员在对具体审核任务进行策划时应始终围绕着审核目的展开。编制的检查表的内容也是为了实现审核目的，因此，参照检查表进行审核可避免偏离审核的目的和主题，检查表可起到提醒和参照的作用；

——保持审核内容的周密和完整。由于审核的内容会涉及多个部门、场所、活动和过程，单凭审核员的经验或记忆难免会有遗漏之处，如果审核员能够在现场审核前通过对所承担的审核任务进行策划，将需要审核的内容全面地体现在检查表中，就可以在现场审核时确保审核内容的周密和完整；

——保持审核路线的清晰和逻辑性。审核员要在有限的时间内有效地完成审核任务，这就要求审核员在策划、编制检查表时，充分考虑到审核任务中有关联的审核活动及其逻辑顺序，以确定合理的审核路线。因此检查表可以帮助审核员保持审核路线的清晰和逻辑；

——保持审核时间和节奏的合理性。审核过程是一项高节奏而紧张的活动，由于审核时间的限制，不允许在某一场所或部门逗留过长时间。因此，审核员会根据审核活动的重要性和工作量安排合理的时间，并将要审核的内容列成检查表，这样有助于保持审核时间和节奏的合理性；

——保持审核方法的合理性，减少审核员的偏见和随意性。审核员会针对审核内容的特点，策划合理的审核方法（包括抽样计划），以便于现场审核时有效地收集审核证据。另外，事先编制好检查表后再按检查表进行审核，可以减少由于审核员的特长或兴趣偏好或情绪等因素对审核的公正性和客观性造成的不良影响，减少可能出现的偏见和随意性。

检查表编制目的一是明确要查的项目，二是明确要查找的证据。因此编制检查表时应：

a）对照相应管理体系文件化信息；

b）突出被审区域的主要职能和典型工作；

c）详细程度要适合审核员的能力。详细的检查表操作性强，但也限制了审核员能力的发挥；简单的检查表，给审核员留下了很大的发挥余地，但也容易使审核员漏项；

d）不熟练的审核员要编制较详细的检查表；

e）要能够提醒审核员的审核思路。

检查表的格式没有严格限制，以审核员便于使用为准，但公司设计成标准空白表格是有必要的，能使审核员预先有计划。下面介绍几种：

5. 检查表的使用

检查表的编制和使用需要一个熟练的过程，要注意：

a）不应只采用 Yes/No 等封闭式的问题；

b）进入一个区域，应请有关人员介绍工作运作情况，以便把握关键环节；

c）询问执行的人员是如何工作的，有什么指导和依据文件；

d）可能时，观察现场人员执行程序的情况；

e）验证记录或文件；

f）判定是否合格；

g）确信"检查表"上的所有内容都已查到；

h）审核不应一条一条读，应记在心里。

使用检查表应注意：

a）抽样要有代表性，不能是别人拿什么看什么，主动寻找符合性证据；

b）尽量不要每次都使用标准检查表

c) 保证可操作性要好，明确审核的方法；

d) 时间上要有余地，以便及时调整；

e) 明确每个要素（条款）审核的重点。

要保证审核的水平，除了要按照正规的审核程序进行外，审核员对体系要求的理解非常关键，只有理解了标准，才能把握审核的重点。如果把"审核的技巧"和"理解标准"的重要程度进行比较的话，比例可能是2∶8，没有内容的形式只能是一种浪费。因此审核员应不断地学习领会体系的要求，并与实际工作对照结合。

掌握审核要求和技巧的有效方法是实践，但实际工作中往往没有可能，所以内审员首先应当接受培训，将各种审核实践的案例压缩在课堂上，通过分组实习讨论熟悉审核的场景，灵活掌握标准的要求。因此，在使用本书时读者应参考其他关于标准理解的教材，结合案例研讨学习。

6. 检查表

环境管理体系审核检查表（1）

受审核部门/审核区域：　　　　　　　　接受审核负责人：

内审员：　　　　　　　　　　　　　　　时间：

检查内容	检查方法
检查记录	

注：此表将审核检查单的内容和检查记录放在一起，记录不够时另附页。

环境管理体系审核检查表（2）

受审核部门/审核区域：　　　　　　　　接受审核负责人：

内审员：　　　　　　　　　　　　　　　时间：

审核要素	审核内容	审核方法

注：此检查表只列出审核的内容和方法，而将审核的记录另外做出。

环境管理体系审核检查表（3）

受审核部门/审核区域：技术科　　　　　接受审核负责人：张×× 　李××

内审员：王××　　　　　　　　　　　时间：

条款	审核事项及方法	记录
5.3	技术科的职责是什么，分工落实	
6.1.2	所属职责范围内存在哪些需要控制的环境因素是否存在重要环境因素	

（续表）

条款	审核事项及方法	记录
6.1.3	涉及哪些法律法规和其他要求等，如何控制落实	
6.2	建立了哪些环境目标、实现目标做了哪些策划安排，实施情况怎样	
8.1	负责哪些运行控制程序，如何控制	
9.1.1	如何检测负责的环境绩效、目标指标	
10.2	出现的偏差，如何处理	
7.4	交流那些信息，如何交流	

注：此表将审核的记录放在了与审核内容对应的位置。

锅炉房环境管理体系审核检查表（4）

序号	要素	审核项目	审核要点和方法	备注
1	5.3	了解锅炉房的概况	和动力车间负责人交谈15分钟，询问： 1. 职责是什么？ 2. 锅炉房的锅炉类型、容量、压力、台数； 3. 烟囱高度，上煤、除灰情况； 4. 鼓风机、引风机、排风扇等情况； 5. 软化水系统情况及锅炉清洗情况等	
2	6.1.1 6.1.4	应对风险和机遇措施策划	是否在考虑了已确定的过程、内外部环境（4.1）及相关方需求（4.2）的基础上，对锅炉运行和管理活动确定了与其预期要求相关的、需要应对的风险和机遇？	
3	6.1.2	锅炉房有哪些环境因素和重要环境因素	1. 查锅炉房环境因素清单，识别是否充分？有否充分考虑六个方面、三种状态、三种时态？有否关注产品、相关方、异常和紧急情况的环境因素识别难点 2. 查重要环境因素清单，评价是否客观、科学、合理	
4	6.1.3	锅炉房有哪些相关的法律、法规	1. 查锅炉房相关的法律、法规清单（可含在总清单内） 2. 抽样查《锅炉大气排放标准》、《大气污染法》及其实施细则、《节约能源法》、《低硫优质煤及制品》等	
5	6.2.1	是否已建立了与锅炉房相关的目标和指标，执行和完成情况如何	1. 查与锅炉房运行有关的目标、指标清单； 2. 抽查目标、指标制定是否合理？ 3. 抽查2～3项目标指标完成情况、更新情况	
6	6.2.2	查环境管理方案	1. 查单位方案中与锅炉房有关的有哪些？ 2. 如有，抽1～2项查相关的措施、资金、职责是否落实？ 3. 查方案完成情况	
7	7.2 7.3	查锅炉房的工作人员的工作能力及对本岗位的环境重要性的认识	1. 询问动力车间对环境方针的认识； 2. 查锅炉房工人的上岗证； 3. 查锅炉房司炉工人对本岗位环境责任的认识； 4. 查询1名锅炉房值班人员的环保知识及实际操作中控制重要环境因素的技能	
8	7.4	查和锅炉房有关的信息交流情况	1. 抽查2～3份"信息交流单"； 2. 查询锅炉房有无异常情况，如有，是否已进行交流？	
9	7.5	查文件化信息控制情况	1. 查阅受控文件清单中和锅炉房有关的内容； 2. 抽查锅炉房作业指导书及2～3项法律、法规和其他要求，是否有效受控？	

（续表）

序号	要素	审核项目	审核要点和方法	备注
10	8.1	查运行控制情况，是否控制有效	1. 围绕目标指标、重要环境因素等，抽查运行控制状况——烟尘、SO_2 排放情况；烟道灰及炉渣排放情况；废水排放情况；煤的含硫量控制情况；锅炉定期清洗情况；软化水系统反冲洗水排放情况……； 2. 查对相关方的影响管理情况，如煤的采购、炉渣外运等，有无管理规定？有无签订协议？	
11	8.2	是否有锅炉房相关的应急准备和响应措施	1. 查应急准备和响应程序中有关锅炉房的内容？ 2. 查锅炉定期酸洗情况及效果； 3. 查暴雨时、停电时、风机发生故障时的异常情况对策； 4. 查大风天对露天堆放的煤、炉渣粉尘污染大气的应急措施有未制定并实施	
12	9.1.1 9.1.2	查锅炉房有关监测的情况	1. 对锅炉房的监测项目、监测频次规定和要求是否明确？ 2. 抽查锅炉废气排放、废水排放的监测记录，是否超标？有无异常超标情况？查噪声监测数据及日常监控记录； 3. 查锅炉房的煤质监测报告； 4. 查锅炉房软化水的水质监测报告； 5. 查锅炉房持续遵守法律法规评价情况	
13	10.2	查不合格、纠正措施、预防措施情况	1. 查违章事件或事故记录，发生不合格时有未按程序及时处置？产生了哪些环境影响？社区有无反映？（噪声、烟尘、废水、炉渣等） 2. 查采取纠正措施、预防措施记录	
14	9.2	查内审情况	1. 有未对锅炉房实施内审？ 2. 有无发现不合格？是否已对不符合项目纠正措施实施验证？	
15	7.5 9.3	查环境记录、管理评审有关情况	1. 环境记录是否清晰、完整？是否有效控制？ 2. 如有重大问题，是否已作为管理评审输入？	

7. 抽样

抽样是审核的基本方法，审核是一个抽样调查的过程，因此，审核员在编制检查表时就需要策划抽样计划。由于审核时间的限制，审核员通常不可能检查到审核范围内的所有的活动、操作、过程、文件或记录和人员，而只能通过选取适当的、足够的样本来证实相应的审核对象是否符合要求，所以抽样是具有一定局限性的，通过抽样发现了不符合并不能表示整个质量管理体系都不符合，在样本中没有发现不符合也并不能说完全不存在问题，这也说明抽样是具有一定风险性的。为了降低抽样的局限和风险，就要求审核员应该通过精心地策划，选定适当的信息源，并抽取具有代表性的、足够的样本，以保证审核的系统性和完整性。

ISO 19011 附录 B.3 中介绍了典型的审核抽样的步骤：

——明确抽样方案的目标；

——选择抽样总体的范围和组成；

——选择抽样方法；

——确定样本量；

——进行抽样活动；

——收集、评价和报告结果并形成文件。

抽样时，应考虑可用数据的质量，因为抽样数量不足或数据不准确将不能提供有用的结果。应根据抽样方法和所要求的数据类型选择适当的样本。对样本的报告应考虑样本量、选择的方法以及基于这些样本和一定置信水平做出的估计。

由于审核是一个抽样调查的过程，因此，审核员在编制检查表时就需要策划抽样计划。审核员在编制检查表时，通常审核的对象和总体是比较明确的，但是总体量的多少却不能确定，只能估算，因此，在检查表中策划的抽样量通常也是估算的结果，一般不会十分确定，例如"抽 3～7 份文件查其批准的证据"。只有到现场审核时，审核员才能知道审核对象的实际情况和总体量的多少，才能确定具体的样本和抽样量的多少，并采用随机抽样的方法，抽取足够数量的具有代表性的样本。

审核抽样的目的是提供信息，以使审核员确信能够实现审核目标。

ISO 19011 附录 B.3 指出：审核可以采用条件抽样或者统计抽样。

1）条件抽样依赖于审核组的知识、技能和经验。对于条件抽样，可以考虑以下方面：

——在审核范围内的以前的审核经验；

——实现审核目标的要求的复杂性（包括法规要求）；

——组织的过程和管理体系要素的复杂性及其相互作用；

——技术、人员因素或管理体系的变化程度；

——以前识别的关键风险领域和改进的领域；

——管理体系监视的结果。

条件抽样的缺点是，可能无法对审核发现和审核结论的不确定性进行统计估计。

2）统计抽样

如果决定要使用统计抽样，抽样方案应基于审核目标和抽样总体的特征。

统计抽样设计使用一种基于概率论的样本选择过程。当每个样本只有两种可能的结果时（是与否）使用计数抽样。当样本的结果是连续值时使用计量抽样。

抽样方案应当考虑检查的结果是计量的还是计数的。例如，当要评价完成的表格与程序规定的要求的符合性时，可以使用计数抽样。当调查食品安全事件或安全漏洞的数量时，计量抽样可能更加合适。

影响抽样方案的关键因素是：

——组织的规模；

——胜任的审核员的数量；

——一年中审核的频次；

——单次的审核时间；

——外部所要求的置信水平。

当制订统计抽样方案时，审核员能够接受的抽样风险水平是一个重要的考虑因素，这通常称为"可接受的置信水平"。例如，5% 的抽样风险对应 95% 置信水平。

当使用统计抽样时，审核员应适当描述工作情况，并形成文件。这应包括抽样总体的描述、用于评价的抽样准则（如：什么是可接受的样本）、使用的统计参数和方法、评价的样本数量以及获得的结果。

在策划抽样计划和现场审核抽样时应注意以下几个方面的问题：

——明确抽样的对象和总体。抽样的对象和总体通常是由审核内容决定的，如审核内容是"文件化信息控制情况"，则抽样的对象和总体是与环境管理体系文件控制有关的所有文件化信息、人员和控制活动以及文件化信息控制的信息等。

——保证抽取足够数量的样本。抽取足够数量的样本是降低抽样风险的重要保证，抽取的样本太少或太多都是不合适的。在实际审核中，通常抽取的样本量在 3~12 个之间。针对一个具体的审核对象的抽样量而言，其样本量的多少通常与该审核对象的总体量的多少有直接关系，一般情况下，总体量多的抽取的样本量就会相对多一些；另外，样本量的多少还受到审核时间的影响，审核时间充分则抽取的样本量可能较多。

在现场审核中，审核员通常会依据检查表中策划的抽样计划进行抽样。如果经抽样发现不符合时，为了减少审核的风险，可以需要考虑适当增加抽样量，以确认所发现的不符合是偶然的个别问题，还是系统性问题。

——做到分层抽样。在策划抽样计划时，应充分考虑到受审核方质量管理体系不同层面上产生的信息，因此，审核员可以按产品、活动、设备、生产线、岗位、时间或记录等进行分层抽样。例如，查环境因素管理、控制情况，应考虑分层抽取不同活动过程、产品和服务生命周期不同阶段管控的证据。

——抽样的样本量应适度均衡。在策划和实际抽样过程中，虽然可以针对具有不同重要性的部门或过程抽取不同数量的样本，但应避免在一个部门或过程中抽样过多，而另一个部门或过程抽样过少，应保持抽样量的相对均衡。

——审核员应亲自抽样。在现场审核中，审核员应坚持亲自选取样本，而不应让受审核方"随意"挑选几个样本审核员检查。

——审核员应相信抽取的样本。虽然抽样调查的方式存在一定的不确定因素（如抽取的样本符合要求并不代表整个审核对象都不存在问题），但是，审核员仍应对抽取的样本及抽样调查的结果有信心。有的审核员按选定的样本调查后，没有发现不符合，就对样本产生怀疑，认为样本选得不对或数量太少，于是一次又一次地扩大样本的数量，直到发现不符合，这是一种不正确的态度。审核寻找的是审核证据，而不是不符合，如果抽到的是符合有效的证据，就应相信调查的结果是符合有效的，如果抽到的是不符合或失效的证据，就可以认为是一项不符合，这才是正确的态度。

当然，审核员在抽样审核时，也不是绝对不能扩大抽样，如果在抽取的样本中发现一些问题的线索，可以适当扩大抽样，以便将问题调查清楚。

在环境管理体系认证审核的初次审核时，受审核方审核范围内的环境管理体系过程、不同性质的场所、职能部门涉及的环境运行控制，是不能抽样的，均是必须审核的。

8. 通知审核

每次审核之前，应提前 7 天左右通知受审核单位。而且每次审核的重点内容应当与组织的经营重点相一致，与最近发生的经营状况相适应。审核通知的示例如下：

审核通知

根据公司年度内部审核方案的安排，现决定对公司进行第二轮内部审核，特发出通知如下：

审核目的：对审核范围内涉及的所有要素都要进行审核。公司自三个月前导入进度计划管理软件以来，各项目如何应用将作为审核的突出重点。

审核范围：被审核的单位见下表。

受审核单位	审核组	开始日期	结束日期	审核报告编号
公司各部门	♯章××，王××			
上海分公司	♯李××，赵××			

注：有♯者为审核组长。

制表：　　日期：　　批准：　　日期：

第三节　实施审核

一、 首次会议

1. 首次会议的内容和进程

开始会议的时间一般不超过 30 分钟，主要是介绍建立双方的联系，明确双方的责任，以及具体的审核日程安排。

首次会议由审核组长主持。

首次会议的内容和程序如下，在实施中可能会根据具体情况进行调整或适当简化：

——介绍与会者，包括观察员和想到，并概括与会者的职责；

——确认审核目标、范围和准则；

——与受审核方确认审核计划和其他相关安排，例如末次会议的日期和时间，审核组和受审核方管理者之间的临时会议以及任何新的变动；

——审核中所用的方法，包括告知受审核方审核证据将基于可获取信息的样本；

——介绍由于审核组成员的到场对组织可能形成的风险的管理办法；

——确认审核组和受审核方之间的正是沟通渠道；

——确认审核所使用的语言；

——确认在审核中将及时向受审核方通报审核进展情况；

——确认已具备审核组所需的资源和设施；

——确认有关保密和信息安全适宜；

——确认审核组的健康安全事项、应急和安全程序；

——报告审核发现的方法，包括任何分级的信息；

——有关审核可能会被终止的条件和信息；

——有关末次会议的信息；

——有关如何处理审核期间可能的审核发现的信息：

——有关受审核方对审核发现、审核结论（包括抱怨和申诉）的反馈渠道的信息。

2. 首次会议的参加人员

（1）公司职能部门审核

a）全体审核组成员；

b）公司主要领导；

c）各部门单位的主管（通常是各科室的经理）；

d）其他需要的人员。

（2）项目或分厂、车间审核

a）审核组全体成员；

b）受审核方负责人及技术负责人；

c）各工长或责任工程师；

d）各科组主管；

e）项目资料员；

f）其他需要的人员（等）。

3. 首次会议容易出现的问题

对于审核组来讲，首次会议过分松懈，容易使审核流于形式；过分紧张，则容易造成对立，这两种形式都是不好的。审核员应当树立正确的指导思想，审核为了帮助对方，而不是要压倒对方。

（1）在受审核方方面，有可能会出现一些非常情况，审核组应能正确处理，比如：单位负责人或技术负责人不在时，应要求有人能代表，审核组最好在进入现场之前能确认主要人员在现场；

（2）首次会议的时间一般限制在半小时之内，审核活动应由审核人员主持，所以组长要事先限定时间，受审核方领导滔滔不绝，审核组长应适时打断。如审核中出现严重障碍，审核组长应及时请示管理者代表，必要时可以推迟审核。

有益的启示：审核小组由公司的书记、经理、总工等带队，即使他们不直接审核也能起到很好的作用。

二、 审核过程控制与审核技巧

首次会议之后，审核员即可依据分工，走访各个区域，开始具体搜集证据的工作。以下介绍审核的一些技巧。

1. 信息的收集和验证（参见图 3 - 3）

a）询问适当的问题；

b）验证对问题的回答；

c）观察实际发生的情况。

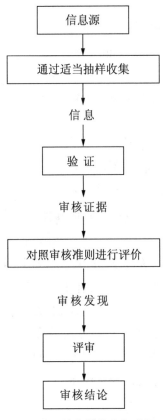

图 3 - 3　信息的收集与验证

2. 信息获得的渠道

审核员应时刻明确，审核的目的不仅是为了检查体系文件，更重要的是审核文件的要求在实际工作中实施的真实情况。获取信息的渠道可以是：

　　a）和雇员及其他人员的面谈；

　　b）对活动、周围工作环境和条件的观察；

　　c）文件：包括有哪些标准、程序、计划、方案；

　　d）记录：如会议纪要、审核报告、测量结果等；

　　e）数据总结、分析、效果；

　　f）职能之间的合作、互补情况；

　　g）外部评价结果，如顾客（内外）、供应方等的反馈意见；

　　h）信息管理平台；

　　i）职能之间的合作、互补情况；

　　j）外部评价结果，如监管部门、顾客（外部）、外部供方等反馈的意见。

　　（1）面谈

　　作为一个有经验的审核员，不会对照检查单一一问答，而是要充分运用好六个有力工具：5W+1H。

　　以下列出了面谈的一些技巧：

　　a）面谈的对象应是实施或负责受审核的活动/过程的相关职能和层次的人员。例如：审核员在审核产品的最终检验过程时，其面谈的对象应选择实施或负责最终检验活动的检验人员；

　　b）面谈最好选择在被面谈人正常工作时间和正常工作的地点进行；

　　c）面谈前，审核员应向对方解释面谈及记录面谈信息的原因；

　　d）面谈时可以通过请对方描述其工作职责和活动开始。例如：与一个加工车间的工人面谈时，可以先请其介绍他的工作流程；又如与检验部门的负责人面谈时，可以先请他介绍检验部门的主要职责等；

　　e）面谈中，审核员会针对审核的内容向对方提出些问题，从对方的陈述和回答中获取相应的信息，从而了解审核对象的职责、过程、活动、地点、时间、原因、接口，确认和验证某些事实。提问的方式很多，审核员应根据不同情况，灵活地运用不同的提问方法（如封闭式提问、开放式提问、引导式提问等），以获取所需的信息。审核员在提问过程中应避免提出有倾向性答案（即引导性提问）的问题，以免误导对方；

　　f）在面谈前和面谈过程中，审核员应尽量营造和保持轻松、和谐的气氛，使对方能够在轻松的状态下与审核员进行交流；

　　g）面谈过程中，审核员应仔细倾听对方的陈述和/或回答，并做出适当的反映。当对方误解或答非所问时，应客气并及时地加以引导，不能粗暴打断。

　　h）面谈结束时，审核员应与对方总结和评审面谈的结果，并感谢对方的参与和配合。

　　总而言之，面谈可以使审核员通过与受审核方人员的沟通，直接而迅速地了解与审核对象有关的信息，但审核员应注意面谈对象的代表性及其提供信息的权威性，必要时应对面谈时获得的信息进行验证，面谈时应运用正确的交流方法，控制好审核时间和节奏。

　　（2）验证

　　除了被审核者的回答之外，审核还有第七个工具——"请给我看"，即"show me"。审核要抽查足够数量的证据，来证实相关的活动是按照规定进行的。这些证据表现为相应记录，表现形式可能是报告、台账、标签、记录等。

　　但审核员务必注意，审核不是为了搜集资料，而是为了判断受审核区域的管理体系的适宜性、符合性、有效性。

（3）观察

a）确定作业者是否有程序、规范、标准以指导其工作；

b）确定操作是否符合其要求；

c）观察记录所使用的文件编号、环境管理体系运行情况是否按照要求规范填写，以进一步验证它们的现时有效性；

d）现场环保设施设备、消防设施设备、应急设施设备运行状态。

观察要求审核员是行业专家，能够发现超出常规或规范的规定之处。比如到建筑公司的施工现场，审核员应了解施工各阶段的主要施工程序，各工序的常规施工方法，施工现场有关的法规和要求等。

除了一般的事实观察之外，审核员还可以留意被审核者一些身体语言及小动作，这些可以提供使人惊讶的资料。弗洛依德说过："无人能守得住秘密，若他嘴巴不说话，他的手指可能已在喋喋不休，他的身体的其他部分也在出卖他"。心理学专家马哈巴安说过："说话所产生的影响，有7％是从字眼上，38％是声音，55％是脸部表情"。因此，审核员必须留意这些"语言"，并在当时的环境下分析其因由。例如：

a）逃避注视的眼光可能是因为想隐瞒或逃避某些事实，也可能是受审核者自小的教育是"注视别人是没有礼貌的行为"；

b）紧握拳头可能是愤怒也可能是紧张；

c）交加双手是意味受审核者十分小心在保护自己，也许觉得这样舒服一些；

d）瞳孔扩张可能是兴奋也可能是恐惧。

因此，审核员必须小心解释此类的身体语言。例如拿起一个物件及注视，扬起眉毛或搔一下后脑等动作都显示存在问题。此外，应注意观察易被忽视的地方，如桌上、顶上、墙上、作废的文件、失效的仪表等。

（4）沟通与聆听

审核员一般花80％时间在收集资料上，大部分信息从交谈中得到，其余则通过阅读及观察所得。因此，作为一个好的审核员，必须要有好的聆听技巧，最重要的是专心。

以下的情况会妨碍好的聆听结果：

a）认为主题欠缺趣味。很多人一早便确定主题没有趣味，因而不注意受审核者，往往漏了一些十分重要的部分。

b）评论受审核者，而不是其讲话内容。我们可能一开始便对受审核者的外观、音调或其他方面有意见，因此对讲话的内容便不注意。

c）太易投入感情。有些人可能觉得受审核者所讲的话，对他造成伤害而情绪激动，因此而花了大量时间在考虑答辩或报复。

审核员的正确工作方法是：少讲、多看、多问、多听。聆听中的"要-不要"技巧如表3-9所示。

表3-9 聆听的技巧

要	不要
聚精会神	问题问个没完
对对方的回答表示兴趣，用点头示意或目光接触等鼓励，如"我理解"	心不在焉

表3-9（续）

要	不要
做回音板	陷入争论
完整地听	打断对方
鼓励对方完整地介绍情况	说教或劝告

（5）提问

a）选择正确的对象提问

审核员应向负责该项活动的负责人提出问题，而不要向无关紧要的人员提出。这就需要预先准备好每个部门审核的重点。即使一个部门里也有大问题和具体问题，询问的对象也是不同的。

b）封闭式问题和开放式问题相结合

封闭式问题可以用"是否""有无""对错"来回答，开放式问题需要较详细的说明或解释。

审核往往是这样进行的：

以封闭式提问开始：请问你这个部门有没有程序文件？

继以开放式的询问：有那几个程序？程序的控制内容和目的是什么？如何控制实施的？

最后以封闭式提问结束：没有将程序文件的内容传达给相关的人，是吗？

（6）查阅文件化信息

a）查阅文件化信息应与受审核的活动直接相关。

b）在明确了与审核对象有关的文件化信息的总体量后，审核员可以根据需要，运用抽样技巧抽取足够数量的样本文件化信息，而没有必要查阅每一份文件化信息。

c）查阅保持的文件化信息时应关注文件化信息的有效性及其内容的充分性，关注文件化信息中对具体活动和过程的职责划分、接口关系、具体要求、实施和控制的方法、程序以及要求等方面的信息，还应关注文件化信息中描述的内容与实际活动状况的适宜性。

d）查阅保留的文件化信息时应关注文件化信息内容的完整性和真实性，还应关注文件化信息中体现的内容与相关文件的规定以及实际活动状况的一致性。

查阅文件化信息可以使审核员系统地了解和验证受审核方环境管理活动在审核所覆盖的时期是否持续有效的实施和运行，但审核员应注意抽样的代表性和记录的可靠性。

3. 正确处理审核中的障碍

审核员在审核中可能会遇到各种情况，但审核员都要注意保持审核的正常进行，表3-10列举了一些情况和可能采取的对策。

表3-10　内部审核员审核中的障碍示例

典型特征	受审核者的表现	审核员的对策
请提出建议	请问我们怎么做才算正确？ 我们的程序该做怎样的修改？ 这方面其他厂或部门是怎么做的？ 如果这么做是否算合格？	虽然内审员可以提出方向性的建议，但要慎重，改进的最终职责归受审核方
请作裁判	内部有些问题发生争执，请说说你对谁对谁错？	不介入，保证时间
重复阐述	请问 ISO 9000 是怎么回事？ 为什么到我们部门来审核？ 审核的结果有那些？	保持进度！不要过分解释，可以报告给管理者代表

表 3-10（续）

典型特征	受审核者的表现	审核员的对策
没问题型	只给人看好的一面，对差的地方搪塞过去	不要被一带而过，要仔细并对好的和差的逐点评估
不用你告诉我如何做型	对审核员的任何意见、疑问或发现的问题采取轻视，有时甚至是蔑视的态度，他们不接受任何批评或忠告，更不接受审核员提供的纠正措施建议	保持冷静、坚强，清楚而详尽地报告检查中发现的不合格及证明其存在的证据
真有那么大关系吗	对所有发现的问题都说"真有那么大吗？这不会给我的工作质量产生任何影响，你可以当成一个建议留给我们去研究，何必当成一个问题去处理呢！"	按规定彻底处理
严谨型	只提供很少的情况，对问话只作简单的回答，对人的态度很干脆	耐心，一个问题多问几遍，同样问题多换几种问法，用三个问题得到一个回答也可以
不知道型	不了解被审核的内容，回答的答案不能肯定	让联络员找了解情况的人
专家型	不仅有理论，而且有经验，往往认为审核员的水平还没他们高，他们总是让审核员听他们的话，使审核员的工作停顿、破坏	明确问题和要求，毫不动摇按计划执行
我正等着您来型	向你倾诉受检查部门管理人员和技术人员几十年来犯下的"错误"，一无是处	不受影响，与陪同的人员讨论这些意见时，应避免个人恩怨，千万不可介入

4. 审核过程的几种控制

审核过程中应控制下面一些内容：

（1）控制审核进度。按审核实施计划，不能拖延很多，编制检查表是一个比较好的方法；

（2）控制审核气氛。被审核者可能会有对抗情绪或紧张，审核员应注意缓和；对漫不经心的人，审核员应将问题变得紧凑些；适当多用一些封闭性的问题，对紧张的人，提问应节奏慢一些，多用一些细化的问题，使问题具体化。审核的气氛过分紧张时，审核员可以问一些与审核关系不大的问题，以缓和气氛。

（3）保持证据的客观性。对听到和看到的问题，审核员应做出及时的记录，对问题的答案可能有怀疑时，应扩大抽样的范围，记录应具体，保证可追溯性。

（4）控制好工作纪律。审核工作是一项复杂紧张的工作，工作强度较大，没有好的工作热情和责任心是很难做好工作的，工作内容、工作时间是工作纪律的两个重要体现。同时审核员也不要向受审核方提出与审核无关的其他要求，如索取资料、物品等。

（5）审核结论的给出要慎重讨论。审核员不应先入为主，以点盖面，过早地提出审核的结论，而应在全部审核结束、取得足够证据后，经过全体审核组成员的讨论，取得共识的基础上给出结论。

审核员应从问题的各个方面去寻找客观证据。

有些不合格很直接，如对所有合同都没有进行合同评审并保存记录。有些问题较复杂，例如：操作者未按指导书操作。此时审核员应进一步追查，原因可能缘于：

1）操作者未经过培训，尽管知道有作业指导书，但不知道如何按指导书操作；这时是属于培训问题。

2）管理人员未向操作者交底，操作者不了解有此指导书，仍然按照旧的习惯在操作；这时属于控制问题。

5. 审核记录

审核中的记录是重要的，应采用简洁的形式，使记录工作容易进行，因此建议企业应当制定专门的记录表格，统一使用，避免审核员各自为政。这种统一的记录表（参见表3-11）的作用是：

（1）便于记录；

（2）记录审核的过程，包括时间、区域、人员；

（3）保证审核的统一性和专业性；

（4）便于整理不合格项；

（5）便于审核记录存档。

审核记录的格式多种多样，有些将审核记录与检查单放在一起，有些是分开的，各有各的好处。

审核员应注意收集、记录支持认证范围的完整的证据链，更多地记录在现场获得证实的信息。

表3-11　审核记录表示例

过程及涉及条款：　　　　涉及部门：　　　　接受审核人员及职务：
陪同人员：　　　　审核人员：　　　　审核组长：

审核内容/审核方法	审核记录/客观证据 （如：部门/审核员/检查的文件/审核发现）	评价/不符合

三、 编制不符合报告

1. 不符合的定义

不符合的定义是"未满足要求"。这里的"要求"是指：管理体系标准、合规义务、管理体系文件化信息（主要包括文件、计划、方案、合同、运行控制程序、作业指导书或操作规程）等。

2. 不符合的主要表现

a）体系性不符合：体系文件与选定的体系标准或有关法规、合同的要求不符合；

b）实施性不符合：未执行管理体系文件化信息的规定；

c) 效果性不符合：虽然按管理体系文件化信息执行了，但缺乏有效性。

3. 不符合的分类

内部审核的不符合的分类方法和外部审核是有所不同的，内部审核的目的在于纠正和改进，外部审核的目的在于判定。所以内部审核的不符合的分类为：体系性、实施性、效果性（上面已经介绍过），同时按照严重程度可分为主要不符合、次要不符合。下面给予介绍：

a）主要不符合

——与合同要求、被审核方的程序的要求有大的不符；

——缺少重要的要素或不符合相应管理体系标准的基本要求；

——造成系统性（如文件控制在各个部门都很混乱）、区域性严重失效（如集中在一个部门的各项活动都失控）；

——可造成严重后果的不符合，特别是对产品的使用性能造成影响的不合格的出现。

b）次要不符合

——孤立的人为错误，并不造成大的损失；

——对系统不构成严重影响，后果不严重；

——其他与规定不符合的。

4. 不符合的把握

无论是内审还是外审，编写不符合报告是审核员的基本要求。审核员编写不符合报告时，应当考虑下面一些问题：

a）这个不符合是孤立的次要问题吗？

错误总是会出现的，因为我们不是生活在一个十全十美的世界中，偶然发现的过失对体系影响不大，向被审核方提及此事就可以处理了；

b）同一不符合是否过于频繁地发生？

当"孤立的"不符合大量累计时，审核员的怀疑就会增加，就有必要了解某些或全部的不符合是否来自同一个"源"。如把与不正确使用文件有关的不符合累计起来，就可以得出文件控制系统存在问题的结论。

c）是不是找到了太多的不符合？

许多审核员感到，除非找到大量不符合，否则他们就不是在正确地进行审核，这是非常危险的衡量标准，应该避免。如果短期内审核员收集到大量不符合，可能说明体系不合适，且主要的问题是明显的；如果很少发现不符合，则表明体系运转令人满意。审核员不应把审核看成是收集更多的不符合。

d）根据审核员对标准的理解，发现的问题是不是能代表一种不符合？

审核员始终应确保，为确认一条不符合的存在，已了解了各种可能的原因。一位好的审核员应努力在事先就考虑到所有的争论。如果在结束会议上受审核方对一个不符合给出了恰当、有效的解释，审核员应感到窘迫、丢脸。

e）不符合是关键的，还是次要的？

审核员应把他的资源集中在关键问题上，这些通常都是较难解决的、需要商讨和思考的；而次要的问题相对容易处理，引起被审核方注意后，通常被审核方自己就可以处理。

f）对判断是否正确有多大的把握？

当被审核方充分地辩解了他们的实际情况时，审核员最好把报告中不确定的内容撤掉，而不去冒丧失信任的风险。

g）有足够的事实支持审核发现吗？

在现场审核时详细的笔记是非常重要的，因为依靠记录能够还原事实。

h）需要采取什么纠正行动？

对于全面处理不符合项需要采取什么样的纠正措施行动，审核员应有成熟的想法，然而，他们不应把这种想法强加于被审核方，反之，应鼓励受审核方自己提出应采取的纠正措施建议，审核员可以据此来衡量最后的纠正情况。因为被审核方自己负责采取纠正行动，如果他们有自己的想法，行动起来就会更好。在任何情况下，提出的措施应考虑不符合项的立即纠正和长远来看如何从根本上解决。

5. 不符合的描述要求

通常由没有参加审核的人来采取必要的纠正行动，因此不符合的陈述要采取使参加或没有参加审核的两方面人都能理解的形式。不符合通常在每天的审核结束时进行总结，编写的要求见表3-12：

表3-12　不符合编制要求

a）准确地观察事实	不仅观察的事实需要准确，报告事实也需要准确
b）在何处发现	需要清楚地陈述以便人们可以准确地返回到那里
c）发现了什么	陈述中应准确地表明发现了什么
d）为什么它是一种不符合	要清楚地陈述违背了哪一条要求
e）谁在现场	陈述通常不需要涉及具体的人员。但是，当客观证据是根据人的陈述，这就需要把当事人和其陈述清楚地说明。一般情况下不应提人的名字而只提其职位
f）使用本地术语	行业中对其某种活动、文件等有其自己的名称，应使用这些名称
g）可追溯的	审核后一段时间，有些人得返回去纠正不符合项
h）有助益的	在此某些小心是必要的，但陈述中应指出需要把什么搞清楚，方向应包括长期的解决方案

不符合项的编写看似简单，但在对认证机构的监督管理中发现，即便是国家注册审核员也经常被发现对不符合事实描述不清楚，不能追溯，不利于纠正措施的采取；作为企业内部的审核员，由于实践、研讨的机会较少，出错的机会更多。

6. 不符合的确认

a）以现场审核时提出为宜，当然这种确认不是说必须立即签字，而是将事实说清楚，并对照规定或要求指出问题所在，达成共识；

b）最后在结束会议上提出不符合不是好的做法；

c）不符合报告往往不单独出现，对不符合的总结应当出现在审核报告中，作为对体系评价的证据。

7. 不符合报告的形式

不符合报告的形式多种多样，需要结合组织的特点确定。目前主要有汇总式和单列式两类。

a）汇总式，即将不符合按项按照一定的区域或部门汇总在一个表格上，如表3-13所示：

表 3 - 13　不符合项报告（汇总式）

受审核方：

序号	不符合项的问题陈述	对应标准条款	性质 （轻微/严重）	受审核部门	审核员	陪同人员

组长（亲笔签字）：　　　　　　　　　　　　日期：

受审核方代表（亲笔签字）：　　　　　　　　日期：

　　b）单列式，即每个不符合单独一张纸（参见表 3 - 14）。如果有 50 个不符合项，可能需要 50 张纸。不符合往往需要留给受审核方副本，因为受审核方提交纠正措施的计划需要副本，验证纠正措施实施的效果也需要副本。当不符合的数量较多时，势必造成纸张浪费和保存不必要的记录。

表 3 - 14　不符合报告（单列式）

编号：

受审核单位		审核日期	
受审核区域		审核员	
不符合事实陈述 不符合 　　□GB/T 24001（　　　　）的要求，不符合（内部规定）的要求。 为□主要不符合项　　　□次要不符合项 审核员：　　　　　　　受审核方负责人： 日期：　年　月　日　　　　　　　　年　月　日			
纠正措施要求： 　　□ 分析原因，制定纠正措施 　　□ 报审核组确认后实施，按审核组的意见进行验证； 　　□ 自行实施并保持记录，下次审核验证。 　　纠正的时间为：在　　年　月　日前完成			
审核组的原因推测和措施建议（如可行） 			
纠正措施的验证 审核员：　　　　　　　　年　月　日			

8. 观察项的整理

　　观察项是指未构成不合格、但有造成不合格的趋势，或效率不高。

　　内审的主要目的是改进管理体系，因此对观察项的总结在内部审核中是必要的。也有的公司将某个很好的做法也记录出来，写成"推广项"，这样使内审真正成为体系改进的工具。

四、 审核组工作会议

如有必要，审核组长可在审核进行到一定程度后，召开审核组工作会议，沟通审核员之间的信息，以及下一步的工作安排、评价不合格的程度、审核结论。

需要时，会后请受审核方确认不符合。

五、 编制审核报告

1. 提出审核报告的时机

内审中，通常在末次会议上，将内审报告交与受审核方。

2. 审核报告的主要内容和示例

a）受审单位名称；

b）审核日期；

c）审核组成员；

d）审核期间的主要联络人；

e）审核的范围和目的；

f）审核所依据的文件；

g）不符合记录及统计，这种统计可以反映出不符合项分布的区域和类型，便于纠正；

h）审核发现，审核报告应对受审核方的体系做出评价，可以对成功的方面提出肯定，对出现的问题提出改进的方向；完整的形式是对管理体系的各个方面分别作出评价，包括符合和不符合；简化的形式可以只陈述不符合的方面，或其他需要改进的方面，以及其他突出的优点；

i）审核报告的发放清单；

j）不符合项的纠正措施要求。

值得注意的是有些企业的内审缺少结论总结，只是摆出了一些不符合项，对体系的符合性和有效性不做评价，舍本逐末。

审核报告是对管理体系的符合性、适宜性、有效性所作的一项高价值的评价，让最高管理者通过内审员的活动获得对公司管理状态的了解。

为保证审核的进度，审核报告通常应制成空白表格形式，减小现场的工作量，同时不容易漏项，下面给出一个完整的审核报告示例。

审核报告

第 页 共 页

报告编号：

受审核单位名称：

负责人：

审核开始日期：

审核结束日期：

审核工时：

地址：

审核组长及审核员：

签字：

日期：

审核报告编号： 　　　　　　　　　　　　　第　页 共　页

1　目的
2　审核范围
3　审核依据
4　接触的受审核单位的主要负责人员
5　审核发现 　　5.1　组织环境方面： 　　5.2　领导作用方面： 　　5.3　策划方面： 　　5.4　支持方面： 　　5.5　运行方面： 　　5.6　绩效评价方面： 　　5.7　改进方面：
6　审核总结和要求 　　1）本次审核是抽样性的，所以有些不合格并未查出。 　　2）本次审核中，发现的不符合见第____页到第____页，对不符合的统计见第____页的不符合统计表。 　　3）被审核单位在____天内，向××部门提出纠正措施的计划。 　　4）对纠正措施的计划和实施安排，××部门将在____天内给予书面的回答。 　　5）本次审核总结 　　•值得肯定的方面 　　•不符合项情况 　　•改进的方向和建议
附件： 审核统计表、不符合记录、观察项记录、推广项记录、纠正措施计划表。

审核统计表

审核报告编号：   审核员：

第　页共　页

序号	审核区域	条款编号
1		
2		
3		
4		
5		
6		
7		
8		
9		
10		
11		
12		
	合计	

注：在格内填入发现的不符合数，审核区域内无不符合的填入0。

不符合记录

审核区域：

审核报告编号：   第　页共　页

不符合编号	不符合内容	条款编号

审核员：   日期：

观察项记录

审核区域：

审核报告编号：　　　　　　　　　　　　　　　　　　第　页　共　页

下面这些问题尽管不属于不符合，但由于工作效率不高，或发展下去有造成不符合的趋势，或审核员没有证据但产生怀疑，这些应当引起注意。		

审核员：　　　　　　　　　　　　日期：

推广项记录

审核区域：

审核报告编号：　　　　　　　　　　　　　　　　　　第　页　共　页

贵单位以下做法较公司规定的程序更为严格、效率更高，对于保证产品和服务质量、提高工作效率、履行合规义务、节约成本、实现环境目标、提升环境绩效非常有帮助，审核组将报告公司领导，建议表扬并推广。		

审核员：　　　　　　　　　　　　日期：

纠正措施计划

审核区域：

审核报告编号：　　　　　　　　　　　　　　　　　　第　页　共　页

不符合编号	造成的原因	纠正措施	责任人	完成时间

注：纠正措施不仅应纠正已经出现的问题，还要能防止类似问题的再发生。

编制人：　　　日期：　　　　　批准人：　　　日期

3. 审核报告的分发范围

审核报告通常应发到受审部门、体系管理部门、受审部门上级主管部门（如有）。这里建议将审核报告传递到受审核单位上级部门，使他们了解审核结果，并可以帮助和督促解决审核中出现的问题。

六、 末次会议 （结束会议）

1. 末次会议召开的时机

a）审核计划规定的工作全部完成；

b）整理完成了审核报告。

在审核组离开某一个单位前，与被审核单位的管理者澄清审核所发现的有关事实，并开出不符合项。

首次会议、末次会议一般是对整个体系审核的开始和结束时进行。考虑到各单位的差异，对某些单位可能需要分别进行，如对外地的分支机构进行审核，召开首末次会议是正常的做法。

2. 末次会议内容

审核组长应主持末次会议，提出审核发现和审核结论。参加末次会议的人员包括受审核方管理者和适当的受审核的职能、过程的负责人、审核委托方和其他有关方面。适用时，审核组长应告知受审核方在审核过程中遇到的可能降低审核结论可信程度的情况。如果管理体系有规定或与审核委托方达成协议，与会者应就针对审核发现而制定的行动计划的时限达成一致。

会议的详略程度应与受审核方对审核过程的熟悉程度相一致。在一些情况下，会议应是正式的，并保持会议纪要，包括出席人员的记录。对于另一些情况，例如内部审核，末次会议可以不太正式，只是沟通审核发现和审核结论。

适当时，末次会议应阐明下列内容：

——告知受审核方所收集的审核证据是基于已有的信息样本；

——报告的方法；

——处理审核发现的过程和可能的后果；

——以受审核方理解和承认的方式提出审核发现和审核结论；

——任何相关的审核后续活动（例如纠正措施的实施、审核投诉的处理、申诉过程）。

应讨论审核组与受审核方之间关于审核发现或审核结论的分歧观点，并尽可能予以解决。如果不能解决，应记录所有观点。如果审核目标有规定，可以提出改进建议，并强调该建议没有约束性。

末次会议进行的程序如下：

a）参加会议的人员签到；

b）审核组应向受审核方在审核中的配合表示感谢，特别是单位领导和联络员；

c）重申审核的目的和范围；

d）审核进程的回顾，主要走访了哪些部门和区域等；

e）讲清审核的局限方面—抽样的风险，这种风险表现在各单位可能有许多好的方面，审核组没有看到，抹煞了功绩；但也可能有许多不好的方面审核组也没看到，但并不表示就没有不符合项；一个部门发现的问题，不代表问题只在一个部门发生。审核组尽量使抽样具有代表性，审核的结论是依据抽样的结果做出的；

f）宣布不符合项，并请受审核方确认，并说明在宣读不符合项时，请不要中间打断，后面有时间留给大家回答疑问；

g）总结发言，审核组有责任依据不符合项提出结论，并提示究竟是一个部门的还是公司范围的体系故障；

h）答疑，允许有争论，审核组阐述的是事实，判断的权利由审核员掌握；

i）提出采取纠正措施的要求；

j）组长说明对纠正措施的监督方法；

k）请受审方领导讲话；

l）宣布结束。

3. 末次会议的参加人员

同首次会议，一些被审核部门的人员也可参加。

4. 末次会议容易出现的问题

如受审核方的人员不接受审核组的不符合报告，审核组应积极说服，只要是事实就应坚持。对受审核方既不认可、又不同意采取纠正措施的不符合，应提请管理者代表仲裁。

审核组应把握内部审核的末次会议的严肃性。

七、 纠正措施的制定、 实施和效果验证

对于不符合相关责任部门应制定纠正措施计划（见审核报告附表），予以实施和记录，并报告审核组。

纠正措施不应就事论事，而应举一反三，针对不符合的原因开展调查。通常应当按照《纠正措施控制程序》执行。

纠正措施不能潦草行事，这是内审的关键所在，必须针对问题分析根本原因，使受审核方能够很快判断出造成问题的原因，并能够制定防止再发生的措施。在此基础上如果能够继续问几个为什么，往往才能够发现问题的根本原因。失效模式和影响分析（FMEA）这项技术很有价值，但实际应用得很薄弱，它对识别、优先排序和消除问题的潜在原因是一个非常有利的方法。

审核所发现的问题是改进的机会，因此必须认真对待，对每一个不符合应当立项跟踪予以落实。

八、 审核组的后续工作

1. 向管理者代表汇报，特别是可能涉及管理体系本身的问题。

2. 验证纠正措施计划和纠正效果，使不合格趋于"完结"。对纠正措施的验证方式应当与问题的严重程度相适应。

3. 收集记录并提交内部审核管理的职能部门，这些记录包括：

（1）审核实施计划表；

（2）审核检查单；

（3）会议签到表；

（4）审核记录表；

（5）审核报告；

（6）不符合项记录；

（7）不符合项汇总表；

（8）观察项；

（9）推广项；

（10）审报分工表（如有）；

（11）纠正措施计划；

（12）纠正措施验证记录；

（13）内审的总体分析和总结报告；

（14）不符合项分析。

4. 除了由受审核部门或单位对不符合项进行纠正以外，体系主管部门或其他业务主管部门也应当对不符合项进行分析，在体系和职能管理的角度上分析问题的原因，研究制定纠正或预防措施的必要性。这些分析可能包括但不限于：

a）按部门汇总；

b）按要素汇总；

c）历史对比；

d）不符合项纠正的按期完成情况；

e）写出审核总结报告。

5. 每一轮审核结束后或管理评审前，管理者代表应组织有关人员对审核情况作出总结，对内部审核的观察结果及纠正措施计划完成情况作了汇总分析以后，管理者代表应组织编写一份审核总结报告，其内容应包括：

a）内部体系审核年度计划完成情况；

b）审核的目的和范围；

c）审核依据的文件；

d）各次审核组的组长及审核员；

e）不符合项的分析及可能的原因；

f）主要不符合项的说明及纠正措施完成情况；

g）对整个体系的总评价（包括优缺点）；

h）薄弱环节分析及改进体系的建议；

i）内部审核员的工作评价和改进要求。

审核总结报告是为了评价企业的体系，通过分析，明确存在的问题和改进的方向，因此企业应当十分重视体系审核的整体评价。

有些企业对体系的整体评价采取了定性和定量结合的办法，计算出一个参数来监视体系的情况，这也是一个很好的方法。

当企业的审核范围不大时，现场审核报告和审核总结报告可以合并为一个。

第四节　内部审核员

一、　内部审核组人员的构成

内部审核组通常由审核组长、内部审核员组成，必要时可聘请专家进组提供专业支持。

内部审核是一个跨部门的工作，对各单位的工作影响较大，对业务流程和管理制度都将产生重大的影响，因此企业应当慎重选择内审员。

内审员通常由各部门产生，主要应来自技术业务骨干，因为审核不只是形式，更重要的是内容，因此要求内审员对企业主营业务有相当的了解。

公司总经理和管理者代表担任内审员是非常好的一种做法，这样可以真正把内部审核作为改进管理工作的一种重要机制。

二、 内审员的知识和技能

1. 内审员的基本条件

内审员通常应当具备下列条件，企业可以适当调整：

a）具有中专以上学历和初级以上技术职称；

b）从事三年以上相关管理工作；

c）具有一定的组织管理和综合评价能力；

d）需接受具有内审员培训资格的机构的培训，并取得培训合格证书；

e）遵纪守法，坚持原则，实事求是，作风正派；

f）对于从事质量、环境、职业健康安全管理体系的内审员的要求是有所不同的，他们应当经过相应的管理体系、标准、法规等的培训或教育，具备一定的技能，结合工作的经验，胜任所从事的工作。

内审员应当具备的能力见图 3－4。

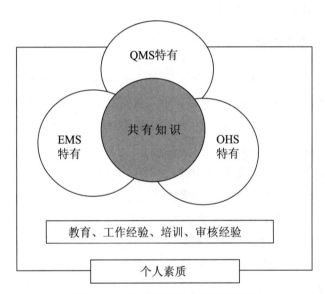

图 3－4　内审员应当具备的能力构成

2. 内审员的素质

"大千世界，无奇不有"，内审员要学会同各种类型的人相处，以获得审核的成功，同时内审员本身也是如此，不同的内审员可能对同样的部门审核得出不同的结果，作为好的内审员具有以下共同的特性：

a）好的职业道德：公正、可靠、忠诚、诚实和谨慎；

b）开放的思维方式：愿意用不同思维方式进行思维；

c）沟通能力：能巧妙地与人交往；

d）善于观察：能够敏锐地认识环境和活动；

e）感知力：能本能地理解和适应环境；

f）坚定执著：对目标坚持不懈；

g）善于决策：根据逻辑推理和分析得出结论；

h）独立性：不受干扰，独立行动和判断。

更多的详细要求，可参考 GB/T 19011—2013 条款 7.2.3。

3. 内审员应避免的不良习惯

（1）吹毛求疵：过分深入无关紧要的细节而忽略了体系的整体能力。

（2）"我可逮住你了"：合格的内审员应平静地告诉受审核方，并尽量提出解决的建议。

（3）傲慢：不能显示出水平反而会增加抵触情绪，审核的最终目的是对受审核方提供帮助。

（4）逃避现场：现场通常需要走动一段距离、条件一般较差，但体系运行的结果往往需要在现场的工作中得到具体实现，管理体系的贯彻决不是纸面文章。

（5）发生冲突：审核的目的不是谁胜谁败，而是共同为体系的改进作出贡献，审核双方不应当发生冲突，如发生冲突则内审员通常存在自身问题。

三、 管理者代表在内部审核中的职责（ 必要时 ）

a）全面组织，安排年度审核计划；

b）指定组成审核组，及任命组长；

c）将审核计划通知组长和受审核单位；

d）负责审核的水平和审核员的培训。

四、 内部审核组长的职责

a）内部审核组所有工作均由审核组长全权负责，除具备一般审核员的素质外，还应具备管理能力，有权对审核工作的开展和审核观察结果作最后决定；

b）制定本次审核的具体计划，准备工作文件和要用的表格，给审核成员分配审核工作；

c）同受审部门单位联系，最终确定日程；

d）评审有关现行体系文件，确定其适用性；

e）及时向受审部门和单位报告严重不合格项；

f）向体系管理人员管理者代表报告审核实施进程中遇到的重大障碍；

g）协调受审核方与审核组成员之间的关系，使之融洽地工作；

h）清晰明确地报告审核结论，不无故拖延；

i）在完成的审核报告上签字；

j）必要时向管理者代表报告有关审核情况。

五、 内审员的职责

a）遵守相应的审核要求，熟悉审核程序和有关文件；

b）向受审核方传达和阐明审核要求；

c）有效率地策划和实施审核工作；

d）记录审核发现；

e）报告审核结果；

f）收存和保护与审核有关的文件；

g）配合并支持组长的工作。

六、 组织对内审员的管理

1. 内审员的实践经验

a）内审员应当经常交流，注意向有经验的内审员学习；

b）如何进行提问？

c）如何收集客观证据？

d）如果我无话可说怎么办？

e）我能否紧扣检查表？

f）我如何处理欺骗行为？

g）发生争执怎么办？

h）我是否必须按被审核方的意思来写不符合项报告？

借助良好的审核实践经验内审员可克服上述担心。

2. 内审员的竞争机制

组织需要建立内审员的竞争机制，这通常需要：

a）对内部审核员能力进行考核和评价；

b）确定审核员升级的方法和准则；

c）根据内部审核员的工作评价其能力和绩效，实施奖惩。

七、 内审员及其管理中存在的问题

1. 因为彼此都是同事，内审员不好意思追根刨底，很难客观地指出问题。

2. 许多不具备内审员资格的人被安排进行审核。例如一些刚刚大学毕业的学生。

3. 内审员希望审核工作快结束。不是内审员自己的工作，少给自己和别人添麻烦。

4. 审核技巧差。不能很好地记录审核内容，证据描述不准确，语言不规范。

5. 审核的结果不能被很好地分析。完成任务即可，至于效果那是管理者代表的事，对自己工作业绩的考核还要看自己的主业的工作成绩。

这些问题在企业内部是普遍存在的，解决不好，肯定会影响审核的效果。解决的方法可以从下面入手：

a）正式培训、提高内审水平，真正为受审方提供帮助。在大多数的情况下，受审核方都是欢迎有水平的人帮助解决问题的；

b）企业领导向审核员提出工作要求，解除思想顾虑，并建立审核员的竞争机制，鼓励审核员的发展；

c）领导重视审核工作，亲自参加审核，或者对审核过程及其结果直接过问，使审核员和受审核方认识到组织对审核工作的真实态度；

d）由咨询机构带领审核；

e）总结，发布结果，并对结果给与足够的重视。

第五节　内部审核案例与练习

一、 环境管理体系文件评审案例练习

请根据《ABC公司环境管理手册》（见本书附录），结合在课堂上所学的文件评审知识，编制文件评审报告，并由推选出来的组长主持、组织进行，由教师进行评讲。

1. 文件评审报告

【示例】

文件评审报告

受审核方名称：

文件名称及编号：　　　　　　　　　　　　　　　　　版本：

一、文件评审涉及内容

　　□手册

　　□程序文件

　　□相关文件

二、文件评审情况：

1. 标准条款的描述　　　　□齐全　　　□有遗漏　　　□协调性

2. 必备的文件化信息　　　□齐全　　　□有遗漏　　　□协调性

3. 申请资料及附件　　　　□齐全　　　□有遗漏

三、存在问题（见文件审核报告）

注：整改要求用①或②标识。

　　①请予以纠正，审核组现场对其纠正有效性进行确认。

　　②请予以纠正，并提供纠正有效证据，经组长确认后，方可进行现场审核。

说明：

结论：□受审核方递交的文件基本符合标准的要求，可以进行现场审核。

　　　□文件审核中发现不符合，请予以纠正，由审核组长确认纠正有效后再进行现场审核。现场审核时将继续对管理体系文件进行审核，对发现的文件不符合，提出整改要求。

文审人员：　　　年　　月　　日

审核组长：　　　年　　月　　日　　　　　　受审核方：　　　年　　月　　日

2. 文件审核报告（练习表格）

序号	文件资料的名称	章节/条款	问题描述	整改要求	整改确认

二、　环境管理体系内部审核方案与审核计划练习

按照分组，依据给出的体系文件，由推选的一位组长主持，对 ABC 公司的内部审核进行策划，编写出审核计划，并在课堂上发表，教师组织全体学员讲评。

要求审核计划的内容全面，资源安排合理，审核路线清晰。

时间：此项练习为 1 小时，其中讨论编制为 30 分钟，讲评为 30 分钟。

三、　环境管理体系内部审核检查表练习

按原先分组，学员在推选的另一位组长的主持下，依据对 ABC 公司的审核计划和公司的环境管理体系文件编制检查表。两个小组按部门编制检查表，另两个小组按过程编制，然后由组长在课堂上介绍小组讨论结果，由讲师组织全班学员讲评。

要求：内容全面，重点突出，抽样合理，审核方法适当。

时间：小组讨论和编制 1 小时，讲评 45 分钟。

四、　环境管理体系内部审核案例练习

按照分组安排，组长组织学员对给出场景进行讨论分析。

1. 请审核员就下列情况分析，是否存在不符合情况，应当如何进一步审核？此外审核员的提问是否存在需改进之处？

9 点 10 分，高组长和小赵准时来到了安环科门前，费科长和主管科员老丁忙上前迎接，费科长一边握手，一边把审核员到办公室坐下后，费科长说："非常欢迎你们的到来，上次你们对我们帮助很大，请你们再给我们指出不足，我们一定要改进，达到老师的要求，请喝茶。这时，老丁和另一位年轻人托着资料放到了桌子上。科长讲到，最近大家都累坏了，半年多，记录和整理的资料比两三年的还要多，头都大了。高组长表情严肃地看了科长一眼说，开始吧。老丁倒了两杯茶，双方坐定后高组长请费科长介绍一下本部门的基本情况和环境管理职责，费科长说："安环科现有 4 人，我、老丁、小刘和小李，负责全厂的环境保护和安全管理工作，老丁兼管安全工作，小李是专职安全员，小刘是半年前从质保部调过来的。关于环境管理工作，认证工作得到了市环保局的重视，这个部门主要负责组织环境因素识别、牵头落实环境目标和管理方案，负责环境信息监测汇总。负责信息交流等。"老丁略沉思片刻，请费科长提供公司环境因素清单、重要因素清单、目标指标管理方案资料，小赵向老丁要了法律法规清单。审核小组在查阅资料时，安环科小李在起草安全工作计划，看来他今天比较急躁，白白的复印纸没有多少字，都扔到纸篓里，老高看了一眼，没言声，他发现在重要环境因素清单上没有总工程师的批准签字，就问，根据《公司环境因素识别评价评价控制程序》规定，这份清单应由总工审批，怎么没签字。老丁忙解释道，本来找总工审批，刚好最近老总（管代）参加一项重要的投标活动已出去十来天了，现在还没回来。老总指示由生产厂长审批，生产厂长看过表示同意，说还是请老总亲自签字吧。老高又查阅发放记录认为符合要求。在老高的桌子对面，小赵仔细地查阅着目标指标资料，在公司全部 11 项环境目标中，缺少有关节能降耗的要求，便询问费科长，为什么没有确定该方面目标，科长说，我们公司一直是省级节能先进单位，经分析认为没有问题，小赵如实作了记录。一个小时过去了，老高要看环境监测资料，老丁问要哪些方面的，老高根据《环境监测控制程序》规定要求提供锅炉房、喷涂车间、铸钢清砂、基建科和电镀废水监测记录。老丁一项一项地找，最后提供的资料缺少基建科和电镀废水的监测记录。

查到锅炉烟尘检测报告时,老高询问公司几台锅炉,回答六台,那为什么只有四台检测报告呢,科长说,可能是未报上来。问关于锅炉燃煤进货质量情况,主管动力的工程师说这些煤都是北方拉来的,质量没问题,组长问有无化验煤炭灰分和硫分,科长说,我们和锅炉房专门商量过,认为不用化验,不会有问题。关于基建科的环境监测应有他们自己控制没必要报道这儿,我们也管不过来,老高看检测程序写道,要求基建科每季向安环科提供基建环境检测报告。三个小时过去了,高组长看时间快到了,便仔细地核对了审核计划发现没有什么漏项,就和小赵一起向其他部门走去。

2. 阐述题

某城市工业区内以汽车制造厂涂漆车间的生产工艺为:清洗除油-水清洗-磷化-水清洗-涂漆-水清洗-干燥-中涂-烘干-喷面漆-烘干;清洗除油才有 NaOH 和合成洗涤剂,磷化适用磷酸锌、硝酸镍,涂底漆适用不含铅的水溶性涂料,中漆和面漆含甲苯、二甲苯,烘干可采用热空气加热方式。生产过程中产生的废气经过吸附处理后有 30 米高的排气筒排放;产生的废水排入汽车制造厂污水综合处理站处理达标后排入城市污水处理厂。

(1) 该涂漆车间的主要环境因素有哪些?

(2) 清给出喷漆废水的主要污染因子,评价污水处理方式的合规性。

(3) 与该生产过程有关的固体废弃物是否属于危险废物,为什么?

3. 请根据 GB/T 24001—2016 标准的要求,阐述对"8.1 运行"的审核思路和要点?

4. 请就"信息交流过程",谈谈从哪些方面收集审核证据?

5. 审核员发现公司重要环境因素含六价铬污水超标排放,他认为,超标即违法,于是判定为不符合"4.3.2 法律法规及要求"条款。对否?为什么?

要求:判断不符合项准确,客观事实充分,小组内不能取得一致意见的可以提交全班讨论。不符合项应准确描述事实,理由,不符合的体系的条款,严重程度。

五、 不符合项判断练习

请根据给出的事实,请判断不符合标准的条款号,不符合项类别和严重程度。

1. 空压机泵房作用指导书规定厂界噪声,昼间<65dB(A),夜间<55dB(A)。审核员按程序规定的方法测试厂界噪声值为 69dB(A)。负责人说,最近几个月空压机运作不稳定有些故障,因而噪声较大,等生产不忙时我们马上修理。

2. 在与最高管理者沟通时,审核员了解到该企业已经作出了开发新的高附加值产品的决策。来到设计部门,负责人告诉审核员,研发人员的热情非常高,新产品及其工艺设计工作已接近尾声,一旦完成新设备的安装调试,投入试生产,我们就要认真分析生产过程中污染物、废物的产生和排放问题,研究控制问题。

3. 现场审核化学品仓库时,审核员发现一员工正在搬三氯乙烯,审核员与其交谈,该员工说他是新来的也不是化工专业,领导安排做什么就做什么,不知道对此类化学品的管理有什么要求,也不清楚自己的职责及三氯乙烯对环境的影响及预防措施。

4. 审核员审核某制药企业环境管理体系,发现提取车间每天产生 50kg 的高浓度釜残废液,其 COD 达到 40 万 mg/L,询问如何处理,陪同人员回答,我们全部废液都是排入污水站处理后达标排放。

5. 某食品加工企业,负责环境管理体系策划和总体实施的总务部提供的当地环境监测部门提供的监测报告显示连续两次污水排放 COD 超标,审核员到公司内污水处理站现场发现,内部监测记录显示污水处理后 COD 均未超标，因此没有采取任何措施。

6. 营销部涉及的运输公司等单位是与公司有业务关系的单位，审核员询问部门负责人是以什么方式向业务关系单位提供组织的管理方针、目标及实施重要环境因素的有关规定的，部门负责人回答都是老合作伙伴了，提不提供问题不大。

7. 在公司的化学品仓库中发现贮存有大量的金属表面处理剂，其 MSDS 上写有"……本品如发生意外泄漏，应迅速用水稀释或黄沙混合后，并以熟石灰中和处理。"审核员问，这里有上述物资吗，仓管员说，这个仓库是半年前才建好使用的，还未来得及配置上述的物资，但是我们这里可是从来没有发生过化学品泄漏的事情。

8. 6 月某日审核组长在某纸厂监督审核时发现，该厂新增了废纸墨生产线，目前正在施工，预计下月投入使用。审核员问陪同的技术科长，此项活动是否对环境因素进行了识别与控制？技术科长说按照《环境因素识别与评价程序》规定每年 12 月进行因素的更新识别和评价，到时候就进行更新，而且引进的脱墨设备非常先进，污水排放不会超标。

9. 2016 年 7 月 A 审核员到公司行政部，查看有关环境目标实现情况，发现 2015 年初公司分配到该部的节约用纸目标指标是：每半年节约 50 包纸，在第一、二个半年均实现了，但第三个半年未实现。部长助理说：我们是严格按环境管理方案"加强纸张发放管理"中的方法实现的去年目标，但今年任务量大的就不行了。这时 A 审核员看到复印机旁边有个废纸箱，装着只有单面用过的废纸。部长助理说"我们注意保护资源，这些纸将交给回收站"！

10. 审核员在某公司的环保科审核时，发现有公司附近的居民反映公司锅炉房的烟囱时常有黑烟冒出，居民要求改善，环保科的人员解释说："居民的反映我们比较重视，我们做了监测，发现只是偶尔在异常情况下冒出烟的黑度略微超标，因此我们认为没有必要采取什么措施。"

六、末次会议和审核报告练习

每组准备一份审核报告，并模拟召开末次会议。角色应扮演逼真、气氛把握恰到好处、处理问题得当，达到末次会议的目的。

附录

ABC 公司环境管理手册

ABC 有限责任公司

环境管理手册

【依据 GB/T 24001—2016 标准编制】

受控状态：受控

编　　制：×××　×××　×××

审　　核：×××

批　　准：×××

分 发 号：01

发布日期：2017 年 08 月 01 日　　　　　　实施日期：2017 年 08 月 01 日

目 录

1 前言

1.1 颁布令

为提高公司环境管理水平，完善环境管理制度，规范环境管理活动，促进企业节能降耗、清洁生产、降低成本，满足国、内外顾客及相关方的需求，公司在原有环境管理的基础上，依据 GB/T 24001—2016 标准及其他法律法规和要求，结合公司实际情况，编制了本《环境管理手册》。

本《环境管理手册》描述了公司的环境管理体系要求，是公司在环境管理体系运行中应长期遵循的纲领性文件，是各有关职能部门环境管理的基本要求和运行准则，也是第三方对我公司进行认证时的依据。现予以发布，全体员工必须严格遵照执行。

总经理：

年　　月　　日

1.2 公司简介

公司名称：×××××××××

公司地址：×××××××××

电　话：×××××××××

传　真：×××××××××

网　址：×××××××××

2 规范性引用文件

GB/T 24001—2016《环境管理体系　要求及使用指南》。

3 术语和定义

GB/T 24001—2016 界定的术语和定义适用于本文件。

4 组织环境

4.1 理解组织及其所处的环境

本公司依据 GB/T 24001—2016 标准的要求，结合本公司产品特点和战略规划，制定公司的组织机构图，具体可参见附件1。

本公司建立和保持《环境分析控制程序》，最高管理者应确定与本公司环境目标和战略方向相关并影响实现环境管理体系预期结果的各种内部因素（公司的价值观、文化、知识、绩效等相关因素）和外部因素（国际、国家、地区和当地的各种法律法规、技术、竞争、文化和社会因素等）。这些因素包括需要考虑的正面和负面因素或条件。

本公司目前所处的外部环境因素包含：

a）地球资源被大肆开采与破坏，生态平衡遭到严重破坏，多数生物种面临灭绝；

b）全球气候变暖，大气臭氧层被严重破坏；

c）水质被严重污染，森林被大肆砍伐，雾霾日益严重；

d）全球各国（包括中国）对气候与环境的保护已日渐重视；

e）中国政府已经加大对环境污染的惩处力度，近年来更是开出高达千万的天价罚单，企业对环境保护的职责与义务已刻不容缓。

本公司所处的内部环境因素包含：

a）员工对环境保护意识整体严重欠缺；

b）在节能减排方面仍需加大力度；

c）在工厂清洁、垃圾分类投放行为与素养方面亟待加强；

d）公司在基础设施配备，合规义务方面亦存在不足。

本公司定期对这些内部和外部因素的相关信息进行监视和评审，以确保其充分和适宜。

4.2　理解相关方的需求和期望

公司建立和保持《相关方需求和期望控制程序》，用以理解相关方的需求和期望，以便帮助本公司更好地建立清晰的方针和目标，做到目的明确。由于相关方对组织持续提供符合顾客要求和适用法律法规要求的产品和服务的能力产生影响或潜在影响，因此公司应确定：

4.2.1　与环境管理体系有关的相关方

本公司的相关方包括：顾客、股东、员工、银行、外部供应商、员工及其他为组织工作者、法律法规及监管机关、非政府组织等。

4.2.2　所属相关方的需求和期望

经过评估与评审，本公司所属相关方及其要求和期望如表1和表2所示：

表1　外部相关方及其要求与期望

相关方	要求与期望
环保局（政府职能单位）	符合环境法律法规
安监局（政府职能单位）	化学品仓库存放，泄漏防止
水务局（政府职能单位）	节约用水，合规排水
供电所（政府职能单位）	节约用电
（邻近单位）	不可噪音，废气污染
（邻近单位）	不可噪音，废气污染
（业务往来单位）	配合处理环保相关事宜，保持厂区清洁
（业务往来单位）	取得 GB/T 24001 体系认证，符合法律法规
（第三方认证服务机构）	满足 GB/T 24001 体系要求，持续改进环境管理体系
（第三方监测机构）	配合监测

表1（续）

相关方	要求与期望
（废水废物转移处理）	配合转移、处理
市环境保护技术设备公司（固体废物处理）	配合处理
本公司零部件供应商，物流公司（业务往来单位）	满足本公司环境体系相关要求
饭堂，饮用水配送，回收	满足本公司环境体系相关要求
外来施工单位/个人（业务往来单位）	噪声、废气满足本公司环境体系相关要求
设备供应商（业务往来单位）	设备尽量节能，满足本公司环境体系相关要求

表2　内部相关方及要求与期望

相关方	要求与期望
最高管理者（总经理）	合法，客户满意，节能降耗，保护环境
员工	厂区清洁卫生，无粉尘，无污染，无噪音，温湿度适宜

公司应对上述相关方及其要求的相关信息进行监视和评审，以便于理解和持续满足相关方的需求和期望。

4.3　确定环境管理体系的范围

在确定环境管理体系范围时，本公司考虑的因素如下：

a）各种内部和外部因素（见 4.1）；

b）相关方的要求（见 4.2）；

c）组织的产品和服务。

根据本公司产品和服务特点，GB/T 24001—2016 的所有条款均适用于本公司并决定全部予以实施。

本公司环境管理体系范围：位于××市××区××路××号公司厂房内及周边 5 米边界范围，包含该范围内所有环境与相关方（见 4.1 和 4.2）影响、基础设施的配备与管理（包括厂房、所有设备、污染排放口、废物投放点等）、合规生产、制造与加工、物流运输及节能减排等所有与环境体系相关的活动、产品和服务及相关责任与承担的合规义务。

4.4　环境管理体系

4.4.1 本公司依据 GB/T 24001—2016 标准的要求，建立了环境管理体系及其过程，并已形成文件，全体员工将有效地贯彻执行并持续改进其有效性。

4.4.2 本公司按照 GB/T 24001—2016 的要求，运用过程方法对本公司的环境管理活动进行控制，确保环境管理体系的有效实施，并实现本公司的环境方针和环境目标。

4.4.3 确定过程实施所需的准则、方法、测量及相关的绩效指标并制定文件，以确保这些过程的有效运行和控制。

4.4.4 确定和提供每个过程实施所需的资源。

4.4.5 规定每个过程的相关执行人员的职责和权限。

4.4.6 依照规定实施各个过程，以实现策划的结果。

4.4.7 对过程进行监测和分析，定期进行体系评审，必要时变更过程，以确保过程持续产生公司期望的结果。

4.4.8 采取改进措施，确保持续改进过程以及实现结果。

环境管理体系过程如图1所示：

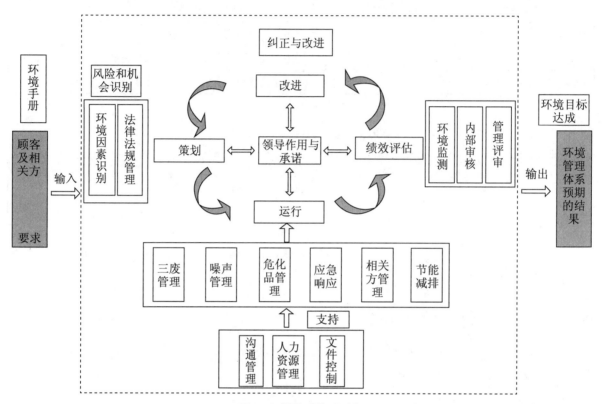

图1 环境管理体系过程

5 领导作用

5.1 领导作用和承诺

最高管理者应证实其对环境管理体系的领导作用和承诺，通过：

1）对环境管理体系的有效性承担责任；

2）确保制定环境管理体系的环境方针和环境目标，并与组织环境和战略方向相一致；

3）确保环境管理体系要求融入与组织的业务过程；

4）确保获得环境管理体系所需的资源；

5）沟通有效的环境管理和符合环境管理体系要求的重要性；

6）确保实现环境管理体系的预期结果；

7）促使、指导和支持员工努力提高环境管理体系的有效性；

8）推动改进；

9）支持其他管理者履行其相关领域的职责。

5.2 环境方针

本公司总经理负责组织制定环境方针，并使其在各层次得到充分的理解及切实的执行。方针应满足以下要求（但不限于）：

    1）与本公司的宗旨和所处环境相适应；

    2）考虑本公司活动、产品和服务的特点；

    3）包括对满足要求和持续改进的承诺；

    4）提供制定和评审环境目标的框架；

    5）满足相关法律法规的要求；

    6）相关方的要求与期望；

经充分考虑本组织特点，及落实环境管理、预防污染、遵守国家法规及善尽社会责任，永续经营企业，特制定本组织环境方针如下：

环 境 方 针

遵守法律法规，坚持环保优先，加强污染预防，争创绿色家园

公司承诺：

1. 按照国家和地方的法律法规要求，确保环境管理体系的有效运行，实现并证实良好的环境行为。

2. 坚持环保优先的审核制度，预防建设、生产过程中的污染现象并杜绝严重的污染事件发生。

3. 坚持科学发展观，实现环境绩效和经济快速增长的良性发展。

4. 不断提高员工的环境意识和严格的行为规范，加强环境监督监察，共建绿色家园。

环境方针应通过以下方式进行沟通：管理层通过各种宣传方式，将环境方针宣传到本公司各层次，确保环境方针得到正确的理解和实施。

当有相关方需要公司提供环境方针时，可通过公司网站获取。

5.3 组织的角色、职责和权限

公司最高管理者根据产品要求、顾客要求以及公司生产和发展的要求，建立适合于公司自身情况的公司组织机构（见附件1"公司组织机构图"），同时规范公司各级组织架构及相应岗位、职责、权限，确保各层次职责、权限和相互关系得到规定、沟通和互相理解。

根据环境管理体系要求，本公司由最高管理者分配相关权限和职责如下：

（1）总经理：

a）任命环境管理者代表；

b）批准环境方针与目标；

c）提供必需的资源，包括人员与基础设施的配置；

d）参加管理评审会议；

e）承诺环境体系活动满足顾客、政府、法规及相关方的合理合规的要求与期望；

f）支持环境管理人员及相关人员的工作；

g）承诺在推动改进与持续改进方面发挥支持与决策作用。

（2）管理者代表：

a）建立、保持并持续改进环境管理体系；

b）组织、协调及支持环境管理体系相关工作；

c）主持召开管理评审会议；

d）负责内部审核的策划、实施；

e）向最高管理者报告环境管理体系实施的状况、问题及改进的结果；

f）负责环境管理体系的纠正、改进与持续改进的根进；

g）外部（含客户，第三方）监查、审查相关事务的联络与处理。

（3）行政部：

a）负责环境管理体系的建立、实施、保持和持续改进；

b）合规性政府相关事务的联络与跟进；

c）人员能力与意识的确定、培训；

d）环境监测方面的联络与结果通报；

e）垃圾回收处理相关事宜；

f）就环境相关信息进行内外部沟通。

（4）生产部：

a）环境因素和合规义务管理；

b）负责协助管理者代表处理环境相关事宜；

c）负责环境运行控制、应急准备和响应管理；

d）就环境相关信息进行内外部沟通。

（5）其他职能部门：

a）配合、执行公司环境管理体系相关要求与规范；

b）积极理解、支持并响应公司环境方针；

c）努力达成公司环境目标；

d）自觉进行节能减排；

e）教育本部门员工开展减少环境负荷的活动，包含垃圾分类投放、节水节电、节约用纸等。

6　策划

6.1　应对风险和机遇的措施

6.1.1　公司制定《风险和机遇控制程序》，以明确风险和机遇事件的识别方法/途径、风险和机遇事件的评估方式，制定主要风险和机遇事件的应对措施的要求，评价这些措施有效性的方法。

6.1.1.1　各部门根据本部门的活动、产品和服务过程，分析其风险和机遇，进行风险和机遇调查。

6.1.1.2　生产部按类别对各部门上报的风险和机遇进行整理后，报管理者代表审核。

6.1.1.3　生产部组织各部门相关人员，考虑下述方面，对风险和机遇的事件进行评估，确定公司的主要风险和机遇的事件：

1）违反法律、法规或其他要求的；

2）相关方的合理投诉或高度关注的；

3）影响的范围涉及以其他城市和对人身健康有明显影响的；

4）资源、能源消耗较大的。

上述产生重大影响的可判定为主要风险和机遇。

6.1.1.4 对主要风险和机遇采用目标、指标、风险和机遇管理方案或相应程序文件进行控制。

1）活动、产品和服务的变化；

2）新、改、扩建及新材料、新工艺、新设备的投入；

3）法律、法规及其他要求的变化；

4）相关方提出的合理要求。

6.1.2 环境因素

公司制定《环境因素识别管理程序》，用以指导进行环境因素的识别、评价，以确定重要环境因素，以及对环境因素的定期更新。

6.1.2.1 在识别环境因素和环境影响时，主要考虑以下几方面：

1）环境因素的识别范围覆盖公司范围内所有区域、原材料及生产和服务提供过程中的各个环节，包括相关方活动对环境产生的影响；

2）环境因素的识别同时考虑过去、现在、将来三种时态及正常、异常、紧急三种状态，以及以下类型：

  a）向大气排放的污染物，如汽车尾气、油烟等；

  b）向水体排放的污染物，如工业废水、生活污水等；

  c）固体废物/危险废物，如生产中的边角料、生活垃圾和机器废油、废化学清洗剂等；

  d）噪声排放，如机器噪音等；

  e）对周围小区及居民生活的影响；

  f）水、电、原材料等能源资源的消耗。

6.1.2.2 环境因素评价，主要从对环境影响的规模、范围、发生的频次、社会关注角度、法律法规的符合性及资源消耗等方面进行。

6.1.2.3 通过广泛的识别和科学的评价，确定重要环境因素，编写《重要环境因素清单》，作为确定环境目标、指标和管理方案或主要运行控制的依据。

6.1.2.4 对列入在《重要环境因素清单》的重要环境因素应在"环境目标、指标和管理方案"中作为具体实施计划加以控制，或通过制定相应的环境管理程序加以控制；因经济技术状况、技术条件等原因暂时无法实施时，要制定具体的控制计划。

6.1.2.5 在法律法规变更或追加、更新或新产品投产、新工艺的投入使用需要及相关方要求等情况下，应对环境因素进行评价和更新。

6.1.2.6 正常情况下，每年组织对环境因素/重大环境因素的重新评价和更新。

6.1.3 合规义务

公司建立并保持《合规义务管理及合规性评价程序》，以获取并评价相关环境法律法规和其他要求，确认其适用性并跟踪其变化，以便及时更新。通过以下要求进行控制：

1）行政部负责建立与国家、地方环境部门的联系；或通过刊物、网站；或其他途径获取法律法规和其他要求的最新文本，并确认其适用性；

2）建立适用的法律法规和其他要求清单，并跟踪其变化，及时更新相应的法律法规和其他要求；

3）根据公司活动、产品或服务的变化，确定新的环境因素及法律法规要求；

4）将已确认的法律法规和其他要求适时宣传，应能传达到各个部门和全体员工，使其合规地做好各自的工作；

5）法律、法规、标准和其他要求及其评价的发放、使用和保管按《文件化信息控制程序》执行。

为履行遵守法律法规和其他要求的承诺，公司每年应对适用环境管理的法律法规和其他要求至少进行一次合规性评价，以期通过评价不断改进公司的管理。公司应保存上述定期评价结果的记录。

6.1.4 措施的策划

公司策划：

a）采取措施管理其：

　　1）重要环境因素；

　　2）合规义务；

　　3）所识别的风险和机遇。

b）如何：

　　1）在其环境管理过程或其他业务过程中整合和实施上述措施；

　　2）评价上述措施的有效性。

当策划上述措施时，应考虑其可选技术方案、财务、运行和经营要求。

6.2 环境目标及其实现的策划

6.2.1 公司制定《环境目标管理程序》以规划公司的整体目标，并以目标管理方法层层展开落实，各部门依据公司整体目标制订相应的环境目标实施方案并统计实绩，根据每年环境目标达成状况，通过考评会议评估绩效并制定下一年度的目标。环境目标应：

a）与环境方针保持一致；

b）可测量；

c）考虑适用的要求；

d）与提供合格产品和服务以及增强顾客满意相关；

e）予以监视；

f）予以沟通；

g）适时更新。

6.2.2 实现环境目措施的策划

策划如何实现环境目标时，应确定：

a）要做什么；

b）需要什么资源；

c）由谁负责；

d）何时完成；

e）如何评价结果，包括用于监视实现其可测量的环境目标的进程所需的参数。

应考虑如何能将实现环境目标的措施融入其业务过程。

7 支持

7.1 资源

公司最高管理层负责以适当方式确定并提供必需的资源（包括人力资源、基础设施、工作环境等），并对其进行有效的管理，以保证本公司环境管理体系的建立和保持。

公司对各类资源及能源进行有效管理，在保证正常运作的情况下尽可能节约资源及能源，使资源及能源的利用率最大。

7.2 能力

公司制定并执行《人力资源管制程序》，对与环境有关的岗位，都必须按不同岗位及所承担工作任务的需要委派合适的人员，并通过教育和培训确保公司员工都具备相应的专业技能、环境意识或专业能力要求。

公司各工作岗位，均须明确岗位职责，并根据岗位工作需要确定任职人员的基本要求，包括文化程度、工作经历、培训和特殊资格要求。

任职人员的能力鉴定，由行政部按《人力资源管制程序》组织进行，鉴定结果经各部门责任人审核（必要时，还应报请总经理审批）后委派人员到岗。岗位任职资格的鉴定包括新入职员工和本程序开始执行时的在职员工。

行政部定期对各岗位员工的能力保持和实际工作表现进行考核评价，评价结果应全面反映各岗位员工的实际工作能力、接受的培训、专业资格和服务意识。

7.3 意识

7.3.1 各部门根据实际工作需求对员工培训需求进行识别，确定不同的培训要求，并形成相应的员工培训计划。培训需求的类型包括：

　　a）员工的入职培训；

　　b）环境意识教育；

　　c）环境业务知识和专业技能培训；

　　d）环境特殊工作所需的资格培训等。

7.3.2 培训工作必须按计划、有组织地进行，各项具体培训活动都必须明确的目的、内容、考核方式及负责组织的部门/人员。人力资源部负责监督培训的实施及控制，各部门均有责任配合人力资源部开展培训工作。

7.3.3 行政部负责结合培训考核、意见反馈和实际工作表现，定期对培训效果进行评估，以利改进培训活动。

7.3.4 培训活动的开展及效果评价，必须包含：

　　a）遵守环境方针和满足本公司环境管理体系要求的重要性；

　　b）与员工的工作相关的重要环境因素和相关的实际或潜在的环境影响；

　　c）员工对环境管理体系有效性的贡献，包括对提高环境绩效的贡献；

　　d）不符合环境管理体系要求（包括未履行组织的合规义务）的后果。

7.3.5 公司各项培训活动结束后均应按《人力资源管制程序》的规定进行记录。

7.4 沟通

7.4.1 内部沟通和外部信息交流

为确保环境因素、环境管理体系的内部、外部信息交流的畅通有效，公司建立并保持《信息交流控制程序》。

7.4.2 信息的来源与职责

a）行政部负责公司与上级主管部门、公司附近居民及团体之间的环境信息交流，管理部负责固体废弃物处理及运输等承包方之间的环境信息交流，负责接收及统筹处理公司内、外部门所反馈的环境信息，是公司内外环境信息的反馈、处理中枢；

b）业务部负责公司与顾客之间环境信息的交流，品保部负责环境管理体系日常监控、内、外部审核、管理评审结果的内部交流；

c）业务部负责公司与供应商、承包方之间环境信息的交流；

d）生产部负责新、改、扩建承包方之间的环境信息交流；

e）各部门负责部门内环境信息的反馈、传达，并按规定落实有关环境信息的处理措施。

7.4.3 交流内容

法津、法规等对环境的要求，外部相关方的环境要求信息，有关化学物质的毒性、安全资料，公司的环境方针、环境目标和环境管理方案，公司环境体系的监测、审核、管理评审的结果，顾客相关投诉，公司的环境绩效及环境改进情况，环境事故等一切与环境管理相关的信息均可作为交流的内容。

7.4.4 公司内各级人员都有责任和义务对所发现的环境问题逐级向上反馈，受理者对此应妥善处理，并做好必要的记录。

7.4.5 公司自上而下的采用提案、会议、通知、电话、网络、公告、发文、培训、日常报表等各种方式向全体员工传达环境信息。

7.4.6 公司各部门负责与业务范围内的相关方进行外部信息交流，交流时做好必要的确认、查询、处理和记录等，对涉及重要环境因素的外部信息的处理与答复，须经管理者代表批准认可后再由相关部门实施。

7.4.7 公司通过网站的方式向社会公开公司环境方针。

7.5 文件化信息

7.5.1 总则

公司根据 GB/T 24001—2016 标准的要求，结合本公司的特点，建立和维持形成文件化信息的环境管理体系，并建立《文件化信息控制程序》，明确对公司文件的管理要求，以保证通过规范化的管理实现公司的环境目标。形成文件化信息的环境管理体系覆盖公司所有影响环境的业务过程，公司制订书面程序，明确规定公司各类文件和资料的发放范围和控制方法，确保环境管理体系的各个场所都能得到相应文件的有效版本，防止误用。

环境管理体系形成文件的信息的多少与详略程度应考虑：

a）本公司的规模，以及活动、过程、产品和服务的类型；

b）过程的复杂程度及其相互作用；

c）人员的能力。

7.5.2　创建和更新

在创建和更新形成文件的信息时，组织应确保：

a）对文件应按类别、级别、适用范围、来源、使用和保管、版本和修订状态等特征进行标识和编号。每个文件的流水编号应是唯一的；

b）执行文件收发登记制度；

c）按文件类别、级别、适用范围等，规定制定、评审、更改和批准的权限，使文件在发布前得到批准。原则是层层授权、层层控制，确保文件是充分与适宜的。

7.5.3　形成文件的信息的控制

7.5.3.1　应控制环境管理体系和 GB/T 24001—2016 所要求的形成文件的信息，以确保：

a）在各使用部门可获得适用的文件；

b）予以妥善保护（如防止失密、不当使用或不完整）。

7.5.3.2　为控制形成文件的信息，适用时，各部门应关注下列活动：

a）按公司的实际情况，将公司文件加以分类管制，并作相应的文件一览表；

b）确保对公司所有执行记录的储存、保护、检索、保管期限和处理方式的文件，得到有效的管制，以提供符合环境管理系统要求和有效运作的证据；

c）文件必须有版本规定，以识别文件版本状态；文件在修订时须重新经过核准，经修订的文件必须保留修订或更改的证据；

d）文件的保留和处置。

对策划和运行环境管理体系所必需的来自外部的、原始的形成文件的信息，按《文件化信息控制程序》控制。

8　运行

8.1　运行策划和控制

8.1.1　公司制定《水污染控制程序》《大气污染控制程序》《噪声污染控制程序》《废弃物管理程序》《能源资源管理程序》和《危险化学品管理程序》，从生命周期观点出发，全面识别、策划并实施满足环境管理要求所必需的过程、先后顺序及其相互作用，并对其实施控制。

a）技术质量部确保在产品或服务设计和开发过程中，考虑其生命周期的每一阶段，并提出环境要求；

b）业务部在采购物料时，要调查物料供应商的环境表现，在贮存过程中应严格按照相关文件规定进行贮存；

c）车间对物料的使用状况和环境的影响进行评估，并作为选择供应商的依据；

d）生产部负责生产现场的烟气、生产废水、固体废弃物等的控制，对各种环保治理设施作维护，并对工厂用水、用电进行记录和统计分析，从而确保实现环境目标和指标；

e）行政部负责食堂、宿舍的各方面管理，并定期对其卫生及排污状况进行评估；

f）生产部负责收集生产现场产生的固体废弃物，行政部负责处理出厂；

g）各部门应严格执行节能降耗、清洁生产的原则；

h）行政部负责把与相关方有关的程序文件通报对方。

8.1.2 水体污染防治

a）本公司产品的设计、生产和销售全过程中不涉及污水的产生的排放，污水主要来自生活用水，如卫生间用水、员工饮用水，公司各部门、安装现场等都应节约用水，以降低和减少废水排放量。

b）公司各部门、现场严禁向下水道倾倒油类、清洗液等高浓度废水以及酸碱液或其他有毒废液，不得使用国家和地方明文规定限制使用的洗涤产品。

8.1.3 大气污染防治

a）安装过程中钻孔产生的粉尘的排放应符合国家规定的排放标准。

b）对于易出现粉尘的材料应妥善保管，对现场地面或设施造成污染时应及时清理。

8.1.4 噪声污染防治

a）现场应合理组织设计、安装，严格限制作业时间，禁止夜间和休息时间进行高强度噪声作业安装，特殊情况必须办理相关手续。

b）现场应根据实际情况采取消声、隔声、减震措施来降低噪声污染，尽量减少噪声外排；

c）做好安装机具（如电钻）等大噪声设备的点检、维修、润滑工作，使其工作在最佳状态；

d）各相关岗位工作人员应严格按照操作规程工作。

8.1.5 固体废弃物管理

a）本公司固体废弃物分为可回收废弃物（如纸张、废料）、一般性废弃物（包括不可回收废弃物和生活垃圾以及废水中打捞的固体垃圾）、危险废弃物三类。

b）各部门、现场负责将本部门所产生的固体废弃物进行分类收集，集中到公司或安装现场指定的存放点，严禁在安装现场焚烧垃圾。

c）综合部负责公司公共场所固废的分类、收集，以及固体废弃物存放点的管理。

d）各现场负责本现场固废的分类、收集，以及固体废弃物存放点的管理。

e）各部门、现场根据废弃物的类别设置垃圾箱（桶），放置于指定区域，禁止乱投乱放，并按规定的处置要求执行，指定专人回收和外运。

f）危险废弃物应单独堆放，并做好标识，严禁与生活垃圾混放，并由公司综合部统一委托有资质的单位集中处理。处理单位应出具行政主管部门核发的处置废弃物许可证或营业执照，并与公司签订协议/合同。

g）固体废弃物收集、贮存、运输、处置的过程中，各部门、现场应采取防扩散、防流失、防渗漏或其他防止二次污染的措施，对能使用的设施、场所加强管理和维护，保证正常运行和使用。

8.1.6 能源、资源节约管理

a）各部门、现场应做好能源、资源节约的宣传工作，提高员工节能意识。

b）各部门、现场应严格要求员工合理使用水、电、纸、材料等能源、资源，严格控制能源、资源的消耗，可行时制定消耗指标加以考核，避免浪费和降低安装成本。

c）员工如发现管道及设施有跑、冒、滴、漏现象，应及时报相关部门进行检修，减少浪费。

d）公司应积极推广应用节能新技术、新工艺、新材料，淘汰能耗高设备。

8.1.7 危险化学品管理

8.2　应急准备和响应

公司应建立、实施和保持《应急准备和响应控制程序》以准备和响应潜在的紧急情况，并应：

a）按照策划的活动准备和响应以防止或减缓紧急情况时的负面环境影响；

b）对实际的紧急情况进行响应；

c）采取措施防止或减缓紧急情况和事故的发生的后果；

d）如果可行，定期测试程序；

e）定期地评审和修订程序。尤其在事故、紧急情况发生或演习之后；

f）提供与紧急准备和响应相关的信息和培训，适用时，包括在组织控制下的相关方；

g）公司应保留文件化信息以表明程序被按计划执行。

9　绩效评价

9.1　监视、测量、分析和评价

9.1.1　总则

公司对目标、指标和方案、运行控制、污染物排放及其他环境绩效进行监测和测量，以评价环境绩效和环境管理体系的有效性：

a）行政部负责生产、生活用水、用电量的记录和统计分析；

b）生产部负责全厂环境目标、指标和方案、运行控制的监测和管理；

c）各部门负责对本部门的目标、指标和方案、运行控制进行监控和记录；

d）生产部负责各种监测和测量结果的归档，以便作为公司的环境表现的结果提供给环境执法部门、社区或相关方，也可作为公司改进环境表现的方向和依据；

e）行政部委托环保监测机构对公司的污染物排放进行定期监测；

f）技术质量部定期委托外界专业部门对各类环境关键特性监测仪器设备进行校准，并保存有关记录。

9.1.2　合规性评价

本公司制定并实施《合规义务管理和合规性评价程序》，每年进行一次对适用环境法律法规和其他要求的遵循情况的评价活动。

a）环境管理者代表负责按规定组织相关部门对遵循法律法规和其他要求进行评价；

b）环境管理者代表根据评价结果对存在的问题开出《不符合、纠正和预防措施跟踪表》，发至各部门，各部门负责原因分析、提出纠正和预防措施，并予以实施。环境管理者代表对各部门的改进情况进行跟踪检查并验证；

c）编写《适用环境法律法规的遵循情况的评价报告》，经批准后发至各部门。

9.2　内部审核

本公司制定并实施《内部审核管理程序》，有计划地通过内审来衡量本公司的环境管理体系是否符合组织自身的其环境管理体系要求、标准要求、文件、顾客及法律法规要求；是否有效地实施和保持。

9.2.1　内审策划

环境管理者代表负责内审的总体组织及策划，任命适宜的人员于每年年初制定年度内审计划，并于每次内审前制定详细的内审计划。审核计划（包括时间）应基于被审核活动和区域的状况、重要性及以往审核的结果，规定审核目的、范围、频次和方法。进行内部审核的人员应经过相应的培训并合格，且应独立于被审核部门。

9.2.2　内审实施

审核组根据计划安排按程序对审核范围内的部门/要素进行审核，将审核发现形成记录，就不合格发出不符合报告，并由组长对本公司环境管理体系的符合性和有效性作出总体评价，审核的基本情况、发现及总体评价均应作为内审报告中的内容。审核报告应交管理者代表审核，并提交管理评审。

9.2.3　纠正措施及其跟踪、验证

针对审核中发现的不合格，责任部门应分析原因、制定并实施相应的纠正措施，其完成情况由审核组负责跟踪、验证。

9.2.4 保留作为实施方案以及审核结果的证据的形成文件的信息。

9.3　管理评审

9.3.1　总则

本公司制定并实施《管理评审程序》，由最高管理者负责定期组织环境管理体系的管理评审，以确保其持续的保持适宜性、充分性和有效性，并与组织的战略方向相一致。

公司最高管理者按照计划的时间间隔评审本公司的环境管理体系，评审包括评价环境管理体系改进的机会和变更的需要。管理评审应按规定程序提前通知相关人员，以保证评审所需资料的完整、准确。

9.3.2　管理评审输入

策划和实施管理评审时应考虑下列内容：

a）以往管理评审所采取措施的实施情况；

b）与环境管理体系相关的内外部因素的变化；

c）有关环境管理体系绩效和有效性的信息，包括下列趋势性信息：

1）顾客满意和相关方的反馈、需求和期望，包括合规性义务；

2）环境目标的实现程度；

3）过程绩效以及产品和服务的符合性；

4）不合格以及纠正措施；

5）监视和测量结果；

6）审核结果；

7）外部供方的环境绩效，与外部相关方的沟通（包括投诉）。

d）资源的充分性；

e）应对风险和机遇所采取的措施的有效性；

f）改进的机会；

g）组织的重要环境因素。

9.3.3 管理评审输出

管理评审的输出应包括与以下决定和措施：

——对环境管理体系的持续适宜性、充分性和有效性的结论；

——有关持续改进机会的决议；

——环境管理体系变更的任何需求的决定，包括资源需求；

——环境目标未实现时，如需要，所采取的措施；

——如需要，改进环境管理体系与其他业务过程融合的机遇；

——任何与组织战略方向有关的结论。

应保留作为管理评审结果证据的形成文件的信息。

10 改进

10.1 总则

为确保产品符合要求，减少不良发生，公司建立和保持《改进控制程序》以确定并选择改进机会，采取必要措施，满足顾客要求和增强顾客满意。

适用时，应包括：

a）改进产品和服务，以满足要求并关注未来的需求和期望；

b）纠正、预防或减少不利影响；

c）改进环境管理体系绩效和有效性。

改进的示例可以包括纠正、纠正措施、持续改进、突变、创新或重组。

10.2 不合格与纠正措施

10.2.1 对于出现的不合格，包括投诉所引起的不合格，公司应：

a）对不合格做出应对，适用时：

1）采取措施予以控制和纠正；

2）处置产生的后果；

b）建立和保持《改进控制程序》，相关部门依据程序的要求采取纠正措施以消除不合格的原因，避免其再次发生或者在其他场合发生。公司应通过下列活动，评价是否需要采取措施：

1）评审不合格；

2）确定不合格的原因；

3）确定是否存在或可能发生类似的不合格；

c）实施所需的措施；

d）评审所采取的纠正措施的有效性；

e）必要时，对环境管理体系进行变更。

纠正措施应与所产生的不合格的影响的重要程度相适应。

10.2.2 组织应保留文件化信息，作为以下方面的证据：

a）不合格的性质以及随后所采取的措施；

b）纠正措施的结果。

10.3 持续改进

公司制定并保持《改进控制程序》，用 PDCA 循环，持续改进环境管理体系的充分性、适宜性和有效性，以提升环境绩效。

附件 1　组织机构图

ABC 有限责任公司

环境管理体系组织机构图

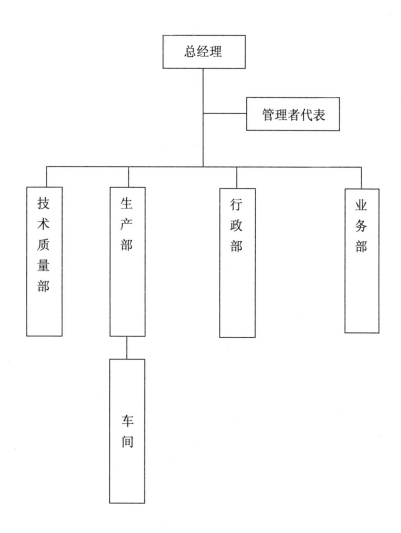

附件 2　环境管理体系职能分配表

标准条款	管理层	行政部	生产部	业务部	技术质量部	车间
4.1 理解组织及其所处的环境	▲	△	▲	△	△	△
4.2 理解相关方的需求和期望	▲	△	▲	△	△	△
4.3 确定环境管理体系的范围	▲	△	▲	△	△	△
4.4 环境管理体系	▲	△	▲	△	△	△
5.1 领导作用和承诺	▲	△	△	△	△	△
5.2 环境方针	▲	▲	△	△	△	△
5.3 组织的角色、职责的权限	▲	▲	△	△	△	△
6.1 应对风险和机遇的措施	▲	△	▲	△	△	△
6.2 环境目标及其实现的策划	▲	△	▲	△	△	△
7.1 资源	▲	▲	△	△	△	△
7.2 能力	△	▲	△	△	△	△
7.3 意识	△	▲	△	△	△	△
7.4 沟通	△	▲	▲	△	△	△
7.5 文件化信息	△	▲	△	△	△	△
8.1 运行策划和控制	△	△	▲	△	△	△
8.2 应急准备和响应	△	△	▲	△	△	△
9.1 监视、测量、分析和评价总则	△	△	▲	△	△	△
9.2 内审审核	△	▲	△	△	△	△
9.3 管理评审	▲	△	△	△	△	△
10.1 改进——总则	▲	△	▲	△	△	△
10.2 不合格与纠正措施	△	△	▲	△	▲	△
10.3 改进	▲	△	▲	△	△	△

　　▲代表主要职能部门；△代表次要职能部门。

附件 3　程序文件清单

序号	编　号	名　称
1	EMS/B01—2016	环境分析控制程序
2	EMS/B02—2016	相关方需求和期望控制程序
3	EMS/B03—2016	应对风险和机遇控制程序
4	EMS/B04—2016	人力资源控制程序
5	EMS/B05—2016	环境因素管理程序
6	EMS/B06—2016	合规义务管理及合规性评价程序
7	EMS/B07—2016	环境目标管理程序
8	EMS/B08—2016	沟通控制程序
9	EMS/B09—2016	文件化信息控制程序
10	EMS/B10—2016	水污染控制程序
11	EMS/B11—2016	大气污染控制程序
12	EMS/B12—2016	噪声污染控制程序
13	EMS/B13—2016	废弃物管理程序
14	EMS/B14—2016	能源资源管理程序
15	EMS/B15—2016	危险化学品管理程序
16	EMS/B16—2016	应急准备和响应控制程序
17	EMS/B17—2016	内部审核控制程序
18	EMS/B18—2016	管理评审控制程序
19	EMS/B19—2016	改进控制程序

BCC 2016版 环境管理体系实用教程

策划编辑：孟　博
责任编辑：孟　博
封面设计：徐东彦

中国质检出版社

中国标准在线服务网

ISBN 978-7-5066-8728-7

9 787506 687287 >

销售分类建议：管理

定价：35.00 元